ロボティクスシリーズ **6**

知能科学
― ロボットの "知" と "巧みさ" ―

工学博士 有本 卓 著

コロナ社

ロボティクスシリーズ編集委員会

編集委員長	有本　卓（立命館大学）
幹　　事	渡部　透（立命館大学）
編集委員	石井　明（立命館大学）
（五十音順）	手嶋教之（立命館大学）
	前田浩一（立命館大学）

（所属は 2006 年 12 月現在）

刊行のことば

　本シリーズは，1996年，わが国の大学で初めてロボティクス学科が設立された機会に企画された。それからほぼ10年を経て，卒業生を順次社会に送り出し，博士課程の卒業生も輩出するに及んで，執筆予定の教員方からの脱稿が始まり，出版にこぎつけることとなった。

　この10年は，しかし，待つ必要があった。工学部の伝統的な学科群とは異なり，ロボティクス学科の設立は，当時，世界初の試みであった。教育は手探りで始まり，実験的であった。試行錯誤を繰り返して得た経験が必要だった。教える前に書いたテキストではなく，何回かの講義，テストによる理解度の確認，演習や実習，実験を通じて練り上げるプロセスが必要であった。各巻の講述内容にも改訂と洗練を加え，各章，各節の取捨選択も必要だった。ロボティクス教育は，電気工学や機械工学といった単独の科学技術体系を学ぶ伝統的な教育法と違い，二つの専門（T型）を飛び越えて，電気電子工学，機械工学，計算機科学の三つの専門（π型）にまたがって基礎を学ばせ，その上にロボティクスという物づくりを指向する工学技術を教授する必要があった。もっとたいへんなことに，2000年紀を迎えると，パーソナル利用を指向する新しいさまざまなロボットが誕生するに及び，本来は人工知能が目指していた"人間の知性の機械による実現"がむしろロボティクスの直接の目標となった。そして，ロボティクス教育は単なる物づくりの科学技術から，知性の深い理解へと視野を広げつつ，新たな科学技術体系に向かう一歩を踏み出したのである。

　本シリーズは，しかし，新しいロボティクスを視野に入れつつも，ロボットを含めたもっと広いメカトロニクス技術の基礎教育コースに必要となる科目をそろえる当初の主旨は残した。三つの専門にまたがるπ型技術者を育てるとき，広くてもそれぞれが浅くなりがちである。しかし，各巻とも，ロボティクスに

直接的にかかわり始めた章や節では，技術深度が格段に増すことに学生諸君も，そして読者諸兄も気づかれよう．恐らく，工学部の伝統的な電気工学，機械工学の学生諸君や，情報理工学部の諸君にとっても，本シリーズによってそれぞれの科学技術体系がロボティクスに焦点を結ぶときの意味を知れば，工学の面白さ，深さ，広がり，といった科学技術の醍醐味が体感できると思う．本シリーズによって幅の広いエンジニアになるための素養を獲得されんことを期待している．

2005年9月

編集委員長　有本　　卓

まえがき

　人間のもつ"知能"（インテリジェンス）が科学技術の研究対象になったのは，ディジタルコンピュータが登場してからである。それまで"知能"は，発達心理学を中心とする人文科学や知能の源である脳を調べる医学・生理学の研究対象にすぎなかった。工学の中でインテリジェンスが研究対象になったきっかけは，アラン・M・チューリングが，いまではチューリングテストと呼ばれている問題を提起してからである。そして誕生した人工知能は，コンピュータの中に人間のような思考を創り出そうと苦心惨憺している。1980年前後，コンピュータを搭載したロボットが登場することにより，創った思考が知的動作に結実させ得ることになり，「知能ロボット」の期待と夢がふくらんだ。しかし，すぐに実現すると思われた知能ロボットは，1990年代に入ると，その進展が遅々として進まないことにいら立つ声さえ耳にすることになった。工学的に機能させることのできるインテリジェンスの諸要素や基礎技術がいまだそろっていなかったからである。そしていま，ロボティクスは，知的な思考に基づくと思われる巧みで器用な動作をロボットにどのようにしたら生成させ得るか，その鍵となる技術の芽をいくつか見つけ出し，やっと着実に進展する道へ歩み出している。

　本書では，ロボティクスと人工知能の世界で，ロボットとコンピュータの中に機能させ得る"インテリジェンス"を，なるべく筋道を立ててまとめてみた。「知能科学」は体系立てられた科学技術ではないが，筋道を立てる唯一のインセンティブが工学にもあり得ると著者は確信している。それは，発達心理学や脳科学と違って，コンピュータやロボットの中にインテリジェントに見える知的機能が創り出せるかどうか，つねに問い，追究することである。この意味で本書がテキストブックとして成功したか，あるいは失敗に終わったかは読者の判断にまかせるしかない。

本書は，著者が「知能科学」という大学理工学部2年次の講義で用いたレジュメをまとめ直して出来上がった．その段階で種々批判をいただいた学生諸君をはじめ，同僚の諸兄に，本書の上梓の場を借りて謝意を捧げたい．

2006年11月

有本　卓

目　次

1. ロボットと知能科学

1.1　ロボティクスの定義……………………………………………… 1
1.2　コンピュータがすべてではない………………………………… 3
1.3　人間の知能はどこから生まれたか：手の自由解放と
　　 拇指対向……………………………………………………………… 6
1.4　人間の知能はなぜ発達したか：言語の獲得…………………… 12
1.5　人間の知能はロボットに移植できるか………………………… 18
1.6　身体運動と巧みさの科学………………………………………… 22
章　末　問　題………………………………………………………… 31

2. 人間とコンピュータとの共生(シンビオシス)：コミュニケーション

2.1　サイバネティクスの誕生………………………………………… 32
2.2　ディジタル通信技術の成熟……………………………………… 36
2.3　人間と機械との対話（チューリングテスト）………………… 39
2.4　命　題　論　理…………………………………………………… 41
2.5　機械ができる思考：論証と推論………………………………… 45
2.6　エキスパートシステムと一階述語論理………………………… 48
2.7　チューリング機械とアルゴリズム：ロボットは，結局は，なにがで
　　 きるか……………………………………………………………… 52
章　末　問　題………………………………………………………… 56

3. コンピュータ（自律移動ロボット）が得意な知能

3.1 地図データベースと探索 ………………………………………… *57*
3.2 接線グラフと障害物回避 ………………………………………… *60*
3.3 最適探索のアルゴリズム ………………………………………… *62*
3.4 自律移動ロボットの経路計画 …………………………………… *67*
3.5 ゲームに勝つための戦略 ………………………………………… *71*
章 末 問 題 ………………………………………………………………… *74*

4. 機械による認識

4.1 人類は"数"をどのようにして認識したか …………………… *75*
4.2 直線の認識：ハフ変換 …………………………………………… *78*
4.3 ハウスドルフ距離による図形のマッチング …………………… *82*
4.4 テンプレートマッチングと位相限定相関法 …………………… *86*
4.5 回転と拡大・縮小があるときのパターンマッチング ………… *89*
4.6 一般化ハフ変換に基づくパターンマッチング ………………… *93*
章 末 問 題 ………………………………………………………………… *95*

5. ロボットの運動の基本原理

5.1 ニュートンの運動の法則 ………………………………………… *98*
5.2 仕事とポテンシャルエネルギー ………………………………… *100*
5.3 1自由度系の運動 ………………………………………………… *104*
5.4 剛体の回転運動と慣性モーメント ……………………………… *108*
5.5 変分原理とエネルギー保存則 …………………………………… *110*

5.6　平面ロボットの運動方程式 ………………………………………… *115*
5.7　ロボット運動の制御 …………………………………………………… *120*
　章　末　問　題 ………………………………………………………………… *123*

6.　"巧みさ"と冗長自由度問題

6.1　"巧みさ"の文脈依存説 ……………………………………………… *125*
6.2　冗長自由度系とベルンシュタイン問題 …………………………… *130*
6.3　冗長自由度問題の自然な解消法：仮想ばね・ダンパ仮説 ……… *134*
6.4　3次元物体の"Blind Grasp" ………………………………………… *139*
　章　末　問　題 ………………………………………………………………… *149*

7.　脳科学から見たロボティクス

7.1　身体運動と脳科学 ……………………………………………………… *151*
7.2　ロボティクス研究と脳科学 …………………………………………… *157*
7.3　高知能化をめざしたロボティクス研究の行き先 ………………… *163*

引用・参考文献 ………………………………………………………………… *169*
章末問題解答 …………………………………………………………………… *175*
索　　　　　引 ………………………………………………………………… *184*

1 ロボットと知能科学

　日本ロボット学会が創立された1983年，早くも「知能ロボット」という言葉が登場し，近未来には知能ロボットが家事手伝いをする時代が来るともてはやされた。それは，遅くとも2000年前後には来ると予測していた人々が多かった。しかし，21世紀に入ってはや数年を経た今日，われわれの周辺に知能ロボットは見いだし得ているだろうか。

　他方，ロボット知能と人工知能はどう違うのか。人工知能の分野も過去20年間，おおむね低迷を余儀なくされた。むしろ，"embodied intelligence" という造語に見られるように，知能の源に身体があることに気づき，むしろ，思考回路をロボット周辺に結ぼうとしている。しかし，ロボット知能とはなにを意味するのだろうか。

1.1　ロボティクスの定義

　第1回のISRR（International Symposium on Robotics Research, 1983年）の開会のスピーチで，当時，MIT（マサチューセッツ工科大学）の人工知能研究所の所長であったP.H. ウィンストン（Winston）教授が，ロボット工学をつぎのように定義したことを記憶している。

　"Robotics is the intelligent connection of perception to action".

　これは，おそらく，同じ人工知能研究所に所属していたM. ブレイディ（Brady）教授（現オックスフォード大学）が定義したと想像でき，その文章は会議録（Robotics Research, The first International Symposium, MIT Press (1984))

の序文に M. Brady の名前で記載されている。この定義はロボティクスの心髄を正鵠に射ており，それはまた，知能ロボットの核心がなんであるかを正確に示唆していると思える。すなわち，この定義でいう "Robotics" は**知能ロボット**を示唆し，その必須条件として，知覚から行動に至る道筋をつけることがロボット知能の本質であることを主張するとともに，知覚そのものもロボット知能の前提条件であることを明示している。

こうして，**ロボット知能**は，知覚そのものと，過去にセンシングして得た膨大

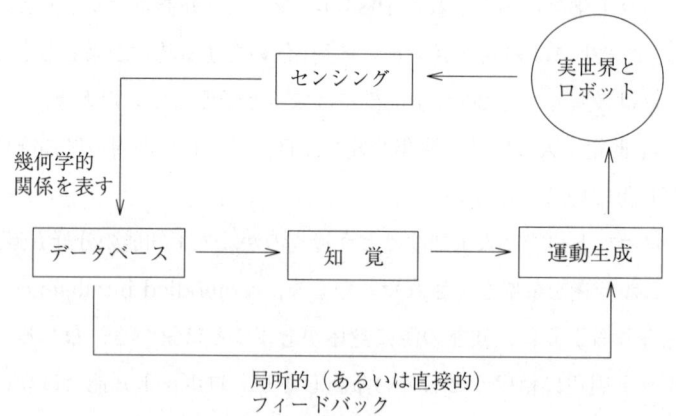

図 **1.1** ロボティクスの定義を表すネットワークフロー
(Intelligent Connection of Perception to Action)

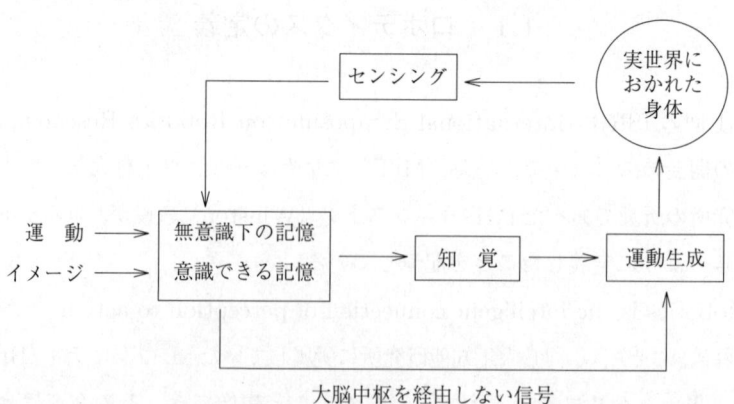

図 **1.2** センシングから運動に至るネットワーク（人の場合）

なデータの構造化された記憶と，現センシングデータがなんらかのとっかかりをつかんで記憶を想起させ，マッチングを取り（すなわち，知覚し），そして運動生成に結びつけるネットワークとから成り立つが，要は，もろもろの要素技術と記憶の内容，有機的なネットワークフローの取り方であり，知能ロボットはそれらを統合することによって知的な行動を起こし得るもの，と規定できる（図 **1.1**，図 **1.2**）．それは単なる感覚と行動の統合で実現できるものではないであろう．人間と同様に（図 1.2），環境や物体との物理的相互作用で得られたセンシングデータは，おそらく，幾何学的関係を保存する構造をもったデータベースとして記憶され，知覚はセンシングによるカレントデータとこの記憶されたデータベースのなんらかのマッチングによって得られ，その結果は効率的に運動生成の駆動源に伝達されねばならない．

1.2 コンピュータがすべてではない

サンフランシスコで行われた ICRA（IEEE International Conference on Robotics and Automation）2000 の招待講演でスタンフォード大学の B. ロス（Roth）教授は，1980 年代のロボティクス研究を総括して，それは "Computer does it all" と信じていた時代であったと述べた．コンピュータが発達すればなんでもできると信じられていた，と．しかし，過去 20 年間，**Moore の法則**（トランジスタの実装密度が 18 か月で倍増するという経験則）どおりに VLSI の高密度化は進み，コンピュータの能力は飛躍的に上昇した．にもかかわらず，知能ロボットはなかなかにその片鱗すら姿，形を現してこない．代わって，21 世紀に切り換わる直前，ソニー（株）が "アイボ" を生み，本田技研工業（株）は二足歩行ロボットを登場させ，そして，さまざまなエンターテインメントロボットの試みが発表された．ソニーはごく最近，ダンスするロボット "QRIO" を創り，本田はほんの少しだが走るロボット "ASIMO" に成長させたが，それらは知能ロボットと呼べるだろうか．そうとはいえないが，ロボット知能の要素技術となるものはあるのだろうか．これらの試みの中から，ロボット知能の

要素技術となる芽と突きつけられた研究課題が見えてくるようにも思える。ソニーの2本足ロボットで試みられた身体内に埋め込まれたセンサや関節駆動源と中枢をつなぐネットワーク，それを介した情報伝送を円滑にするリアルタイムOSは，おそらく，図1.1に近い方向性を示していると思われる。おそらく，不足しているのは幾何学的関係を保持したデータベース（記憶），および，その知覚のあり方であろう。"アイボ"の真似をして人が触れるとさまざまに反応する玩具が売り出されたが，そこには最も素朴な知覚（というよりも単なるセンサの装着）と単純なルールベースが機能しているにすぎない。しかし，この延長線上で高級玩具を創作し，そして老人ケアのできるエンターテインメントロボットへと研究の進展を図りたいなら，ロボット知能としてどんなブレークスルーを生み出さねばならないか，ほぼ推測できるのではないだろうか。

コンピュータがすべてではないが，逆にコンピュータがなにをすべきか，ロボティクス研究ではあまり議論されてこなかったのではないだろうか。特に，図1.1や図1.2に示すように，本来，コンピュータはセンシングで得られた膨大な情報をある種のデータ構造で集約し，将来の知覚に役立てる長期記憶とさせねばならないはずである。自律移動ロボットについていえば，その置かれた環境の2次元あるいは3次元の幾何学的関係（あるいは地図，図形集団）の構造化されたデータベースの構築はコンピュータがやらねばならない。パーソナルロボットでいえば，所有者の音声を認識し，本人固有の辞書を生成し，いい回しに関するなんらかの意味ネットワークに相当するデータ構造を作成することが必要になる。これらが準備できなければ所有者（人）とロボットの対話生成は不可能である。その前に，ロボットは自分がどこにいるか，回りになにがあり，だれがいるか，つねに知覚できている必要がある。

ロボットの腕やハンドを動作させるとき，あるいは，二足歩行についても，従来の研究では知覚と幾何学的関係を表すデータベース（記憶）は無視してきた。特に後者（記憶）と知覚をうまく機能させるアルゴリズムやネットワークについてはほとんど議論されなかった。例えば，ロボットアームの制御では計算トルク法が提案され，計算ずくでなんでもできると思われた。著者らはPD

やPIDフィードバック法を提案したが，そこでもセンシングと関節駆動は直結し，記憶は必要なかった．わずかに，繰返し学習制御の枠組みにおいて，過去の関節軌道の記憶が役立つことが示されていたにすぎない．それらは構造化されたデータベースではなかった．他方，人間の身体運動についてはどうであろうか．運動生理学の知見によれば，大脳の体性感覚野は，身体が運動し，周囲の環境や物体と相互作用したときの膨大な幾何学的情報を受け取って整理し，なんらかのデータ形式で長期記憶している大脳皮質（記憶がどこでなされているかの議論は別として）の各部に送り出していることを示唆している．われわれは，数歳に達するまでに，ほぼこれら基本的な体性感覚（これを記憶とする）を備える．この体性感覚とは一体どのようなデータ構造なのだろうか．

　観点を変えて，コンピュータが人間に勝るとも劣らない"知"をもち得ることもある．あるいは，ロボットのほうが人間に勝るような運動の生成能力もあり得る（そのような能力をロボットに機能させ得る）．例えば，膨大なデータベースをうまく構造化すれば，その中から最適なものを取り出す高速の探索アルゴリズムを走らすことができる．コンピュータがチェス競技で世界チャンピオンを負かしたのは1997年であった．将棋のコンピュータソフトはすでにアマチュアの5～6段クラスの力をもち，角落ちではあったが，プロ5段を破ったこともある（これらについては，1.5節と3.3節で詳述する）．自動車の道案内については，すでにカーナビゲーション装置は人間以上の能力を発揮できるように高機能化されている．単純な繰返し作業については，産業用ロボットのほうが人間よりも能力が高くなり得るが，巧みさについてはロボットが勝り得る場面があるだろうか．人間の脳は膨大な記憶容量をもち得る．身体運動の特徴の一つに，背中の一部を除いて，手先は身体のどの部分にも容易にもっていくことができる．手の位置はつねにどこにあるかわれわれは知覚することができる．逆に，手や腕がどのような位置と姿勢になっているか，つねに知覚できる能力を生理学では"proprioception"というが，この能力はロボットに付与できるだろうか．人間が誕生後，5, 6歳に達するまでにはほぼこの"proprioception"というべき能力をもつに至るが，それは体性感覚で得た膨大な長期記憶がデー

タベース化されて脳に蓄えられているからであろう。すなわち，赤ちゃんから幼児に至るまでの行動と学習の成果が長期記憶されているからに違いない。しかし，ロボットでは，この "proprioception" というべき能力は，すべての膨大な運動データを長期記憶させなくても，初めからもたせられる。なぜなら，ロボットの各関節には角度を測定するポテンシオメータか光学式エンコーダが実装されているので，手先位置のみならず，腕や手の姿勢は，つねに，剛体リンクの運動学的パラメータさえ既知であれば，容易に計算可能である。それも，現在のパソコン能力では非常に高速に算出できる。それにもかかわらず，現在のロボットには生理学でいうところの真の意味での "proprioception" というべき能力は移植し得ていないのであるが，その理由はどこにあるのだろうか。それは，**冗長自由度**をもつロボットメカニズムに対する適切な制御法を見いだし得ていないことに起因する。同様に，たくさんの関節をもつ人間の四肢に対して，手先を任意の位置に随意的にもっていきたいとしたとき，各関節を動かす筋肉グループに脳がどのように指令を出しているか，その仕組みがいまだ解明しきれていないからでもある。この問題はいわゆるベルンシュタインの**自由度問題**と関連して，1.6節で詳細に論じよう。

1.3 人間の知能はどこから生まれたか：手の自由解放と拇指対向

遺伝学的に見て，人間に最も近い動物はチンパンジーである。DNA はゲノム（遺伝情報）全体の平均で 98.8%が一致し，その類似性から約 700〜800 万年前に人類の祖先がチンパンジーから枝分かれした，といわれる（500 万年前とする新説も発表されている）[1-1]†。チンパンジーを含め，類人猿の多くは森に住み，樹上に生活することが多く，樹木の枝にぶら下がりつつ，枝から枝へ伝わって移動できる。移動の主運動をブラキエーション (brachiation) という。数百万年前，アフリカの大地構帯の形成に伴って，その西側が乾燥地帯に変わり，深い森が消えて草原が出現するという大環境変化が起こった。このとき，樹上生

---

† 肩付き番号は巻末の引用・参考文献の番号を示す。

活から地上に降り，2本足で立って草原で狩猟生活をせざる得なくなった類人猿の一つが人類の祖先であると考えられている。

人類の最初の祖先と考えられているのがアウストラロピテクス（猿人）である。アフリカのエチオピアのハダール遺跡で見つかった手の骨35個の化石からヒト科の祖先と推定された。同じ地層からは後にほぼ完全な骨格も見つかり，地層の年代から約300万年前のものと推定されている。その後，人類の祖先と思われる化石の発掘は増え，いまも続いているので，人類史の歴年表は少しずつ改訂されているが，最新の表を専門書[1-1]を参照して，わかりやすいようにまとめておこう（**表1.1**）。

表1.1 人類進化の編年（人類化石の欄の（　）の中の数値は推定される脳容積）

地質時代		年代	文化	人類進化	おもな人類化石
現世（沖積世）		1万年前	金属器 新石器	新人 （現代人）	クロマニヨン （1 290～1 400 cc）
更新世（洪積世）	ヴュルム氷期	7万年前	後期旧石器 （石刃，かざり用）		
			中期旧石器 （剝片）	旧人 （ネアンデルタール）	ネアンデルタール （1 450 cc）
	リス氷期 ミンデル氷期 ギュンツ氷期 ビラフランキアン	30万年前 70万年前 300万年前	前期旧石器 （チョッパー，手斧）	原人 （ピテカントロプス）	ピテカントロプス ホモエレクトス （730～1 070 cc）
			オルドヴァイ石器 （チョッパー）	猿人 （アウストラロピテクス）	ホモハビリス （650 cc） アウストラロピテクス （450 cc）
鮮新世					

手の骨にはチンパンジーが好んで行うナックルウォーキング（指背歩行）を助長する形態が見られることや，下肢と骨盤の形態から，手は木登り動作には適しつつも，おもに二足歩行して地上生活していたと推定されている。脳容積は約450 ccで小さく，現在のチンパンジーやゴリラのそれを少し上回る程度であった。手が見つかった地層からは最古の石器も見つかっている。手でにぎるにちょうどよい大きさ（チョッパーと呼ばれる）のものであり，おそらく，これをウサギやカモシカのような中型の動物に投げつけて，狩猟生活を始めてい

たと思われる．地上に降り，ブラキエーションから解放された2本の腕と手は，こうして急速に発達し，進化した．1960年，タンザニアのオルドヴァイ渓谷（Olduvai Gorge）で見つかった約175万年前と推定されるホモハビリス（猿人）は，すでに650 ccの脳容積をもち，手指と掌の骨の化石から，明らかに拇指が発達し，拇指とほかの指（人差指や中指）の間が向き合って，力を出し，力を調節し得ること（対向力調節，opposabilityという）ができたと見られている．人類学者であり，発達心理学にも造詣が深かったJ. ネイピアー[1-2]は，この**拇指対向性**が人類の祖先に与えられた最高の贈り物であったとしている．ヒトが人類たる認証（authentification）はこの**拇指対向能力**にあり，これによって類人猿とは異なる**精密把握**（precision grip）や2本指による精密でしっかりした把持（precision prehension）の能力を獲得するに至った．石を握って，大きな石に打ちつけて丸みをつけ，あるいは削り込んでチョッパーや手斧を作った．ネイピアーは拇指と人差指の長さの比に100を掛けた数値を対向性指数（opposability index）と名づけた．人類の対向性指数の平均値は60強であるが，チンパンジーやオランウータンのそれの平均値は40以下である．その中でゴリラのそれは比較的大きく，実際にもゴリラは地上生活を主体にし，めったに木登りしないし，ブラキエーションも行わない．小さい果実を手を使って口に運ぶ能力には優れているが，不思議なことに，チンパンジーやボノボ（ピグミーチンパンジー）がもつ道具使用や見知らぬ物やほかの動物に向ける好奇心は見せない．むしろ，対向性指数が高いのは日本猿やヒヒ，マンドリンであるという．彼等の食性は雑食性であり，植物の種や果実を取り込むために拇指が発達したが，それ以上に毛皮をつくろう習慣"grooming"から拇指が発達したと考えられている．拇指対向性指数は57～58に及ぶ．グルーミングは触覚を通じたコミュニケーションであり，コミュニティーのメンバーどうしのたがいの良い関係の維持に不可欠であった．日本猿では，石を使ってくるみを割る個体が見られることが報告されたが，この能力が道具作り（石の加工）に向かうことはまったく報告されていない．宮崎県の幸島（周囲3.5 kmの小さい島だが，無人島．ここに数十匹の日本猿の集団が自然に生活している）では，芋を

洗って食べる個体が出現したが，この習慣は集団の中で瞬く間に広まった．しかし，これが他の集団にコミュニケートされることはないようである．

　人類の祖先がチョッパーや手斧を作るようになったとき，翌日や翌々日にやろうとする狩りの場面を思うようになったであろう．道具を作っておくことは，創造力だけでなく，推測する力や想像力を生み出した．人間にしかない前頭葉の発達の主要因の一つは明らかにこの道具作りを始めたことにある．ここに狩猟文化が始まり，火を制御できるようになった人類の祖先は，やがて集団で料理を始め，食料を蓄えること，分け前のルール作り，等々のコミュニティー維持の体制づくりを始めたのである．そこには言語によるコミュニケーションが重要な働きをするようになった．

　道具を作る手指の原型は**精密把握**（precision grip）である（**図1.3**）．ネイピアー[1-2]はつぎのように定義している．

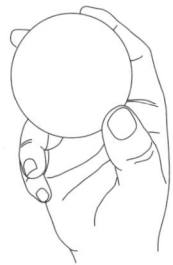

図1.3　精密把握

図1.4　安定な精密把持，あるいは精密ピンチング（"Prehension in precision" あるいは "Precision prehension" という）

　精密把握は対向した拇指の末節の腹（pad）と他の指の腹部との間で実行される．大きな対象物ではこのようにすべての指が関与するが，小さいものでは拇指と人差指，中指（あるいは両方）だけを必要とする（**図1.4**）．精密把握はデリケートで，正確な操作がおもで，力は2次的であるときに実行される．

　人類でも，生まれて1年以内の赤ちゃんではこの精密把握はできない．発達心理学では，赤ちゃんの手足に関する運動能力について，詳細な観測が報告され

ている[1-3]）。生まれて間もなくすぐに，赤ちゃんは手を"にぎにぎ"することができる。すなわち，五指の指を折り重ねて，手の平に押しつけたものを握ろうとするかのように。この動作は**包込み把握**（enveloping grasp）といい，生得的な能力である。それは類人猿の多くがもち，人間の祖先がブラキエーション運動を行ったり，木登りしたときに備わったのであろう。類人猿と異なる特徴は，生まれて数か月はかかるが，人の赤ちゃんは人差指を1本だけ単独に立て，いつの間にか指差しができるようになっている。満1歳の誕生日のころには，拇指と人差指で，小さいものなら安定的にピンチングができるようになる。赤ちゃんは，ハイハイして自らの身体を移動させる力を体得すると，心身の発達が急速になり，空間認知能力を獲得する。歩き出すと，手の発達も急速になる。歩き始めた赤ちゃんであろうが，しかし，改札口を通るときには母親にだっこされて，電車の切符を拇指と人差指にはさみ駅員に差し出す光景が目に浮かぶ（ごくごく最近は，改札口の自動化が進み，こうした光景を見るチャンスは少なくなった）。チンパンジーに人差指だけを突き出して，物を指示する動作を訓練させるのは容易でない。2本指を使ったピンチングを，無理やり教え込むことは3歳ぐらいになったチンパンジーには可能であるが，たとえ1個体に教え込んでも，家族やそのグループにその動作が伝わる可能性はまったくない。明らかに，精密把握や安定なピンチング把持はヒトに特長的な能力である。しかし，ヒトにとっても，その能力は遺伝的に伝わるのではなく，生まれてから後，環境や周囲に触れる物と物理的相互作用をすることによって獲得される。発達心理学では，このような運動能力の発達について，1970年代の中ごろまでは，J. ピアジェ（Piaget, 1896～1980）を代表とする行動主義心理学からの説明が有力であった。それはつぎのようにまとめられる。

　運動の発達は筋骨格運動系を支配する高次機能の制御性能の増大から起こる。これは，原始的なレスポンスを抑えるようにCNS（central nervous system, 脳の中枢神経系）が成熟し，随意的な大脳皮質制御が発達すると想像すれば可能である。あるいは，このことはスキーマ表現の増大を見るように認知的進歩があると起こり得ると（スキーマ（schema）は発達心理学者のピアジェが導入

した"認識の枠組"のことであるが，ここではこれ以上の詳細には触れない)。

他方，1970年代から幼児の身体の運動能力の発達をさまざまな観点から観測し続けたグループがあった[1-4]。誕生して数か月の赤ちゃんが，目の前に差し出されたぬいぐるみに腕を伸ばして手で取ろうとする運動 "reaching" の観測を基本に，さまざまな運動様式について，その発達を記録している。誕生後，8か月すると2本の腕でぬいぐるみを取ろうとするが，タイミングがずれ（timing lag），あるいは両手先が合わない（space lag）といったことが起こり，再び単独の腕を使う。やがて1歳の誕生日を迎えるころには双腕の**協調**（bimanual coordination）がうまく働き出し，物をつかめるようになる。そして，ピアジェらの行動主義的古典派説をしりぞけて，動的観点をかかげ，つぎのように主張する[1-3]~[1-5]。

伝統的な考え方と対比的に，動的観点は，中枢で先天的に書き込まれたプログラムからではなく，運動系のダイナミクスから新たな時空間的秩序が創発する，と仮説する。

幼児のCNSは，手の運動軌道や，関節の協調，筋肉の活動パターンを詳述するプログラムを内蔵してはいない。むしろ，これらのパターンは運動系のもつ本来のダイナミクスから起こったり，それらのダイナミクスと作業の間の対応（match）を活発に探求して獲得されたものなのである。

発達心理学でいうこの環境との物理的な触れ合いは，真に物理学でいう**ダイナミクス**（dynamics）であるはずであるが，一体どんなダイナミクスが働いているのであろうか。単刀直入にいえば，そのダイナミクスは物理学的あるいは数学的に表現可能なのであろうか。発達心理学では，しかし，この "dynamics of physical interactions" あるいは "active exploration of the match between those dynamics and the task" が具体的に表現できるか，明らかにしてはくれない。しかし，幼児はこのダイナミクスを通して感覚したものを脳の中枢に取り入れていることは確かなのである。

久保田 競氏はその名著「手と脳」[1-5]の中で，手は単なる運動器官ではないことを繰り返し述べ，

手は外部の脳である

と断言している。手は外環境に直接触れて外環境の情報を集める感覚器官である，と[1-6]。ネイピアの名著「Hands」[1-2]もそのことをつぎのように述べている（少し長い引用を許していただきたい）。

  人間の手は，運動活動の主器官であるとともに，第五番の感覚，触覚（touch），の主たる器官である。目とともに，手は物理的環境と接触する主要な源である。手は，触ることで環境を観察し，観察したらたちどころにそれに働きかけることができるので，目に勝る。手はほかにも目より大いなる利点をもつ。手は長くて高度にフレキシブルな腕の先端にあり，胴体部から離れて対象を知覚し，運動して働きかける。この遠隔制御の様式は角や隅っこの周囲を感じ取り，先端テクノロジー時代に入ったさまざまな問題の一つを解決してくれる：まさに，スクリーンから目を離さずにテレビセットの裏側のつまみが調整できるではないか（著者注：この本が書かれた当時はリモコンはまだ一般的ではなかった）。

　幼児の手の働きに関する発達は，これらの名著で明言されているように，外部環境との物理的相互作用で得られた情報が大脳中枢に構造化され，記憶され，洗練されたおかげであるはずなのである。ただし，この洗練された情報（記憶）はどのようにして呼び出され，手の筋肉に伝えられ，手を動かし，意図した働きをさせ得るのだろうか。すなわち，大脳中枢は，思いどおりに手を働かせようとするとき，運動を実現する手の筋肉群にどんな信号をどのような道筋で出して，運動を制御しているのだろうか。この謎はまったく未解明のままである。

1.4　人間の知能はなぜ発達したか：言語の獲得

　人間が機械と違い，また，類人猿とも違う決定的な証拠は，言語の獲得能力にある。人間の人間たる認証の一つが言葉を使って，他人とコミュニケートする能力である。

　"ロボット"という名前も概念もなく，ロボット産業もなかったが，17世紀

1.4 人間の知能はなぜ発達したか：言語の獲得

に活躍した哲学者デカルトは人間に似た自動機械をすでに想定し，深い考察を行っている．1637年オランダで出版された著書「方法序説」[1-7]において，人間や動物の生命現象が物理的かつ機械論的な法則の下に説明できることを論じながら，自動機械と人間の異なる本質にも迫っている．まず，"各動物の体内にある骨，筋肉，神経，動脈，静脈，その他の全ての部分から成る大きな集合に比べるなら，実にあまりにもわずかな材料しか使わずに，いかに種々雑多な自動体 (automates) を，あるいは動く機械を，人間の技能は作り出し得るか ——"[1-7]，と述べながら，われわれの身体に似ており，人間の動作をでき得る限り模倣した機械がつくり得たとしても，それが人間にはなり得ないことも指摘している．すなわち，これらの機械が人間とは異なることを確実に知る判定法が二つあり，一つは言葉を使って意思を伝え合えるかどうかの判定法であるという．ある種の言葉を発する機械は案出できても，場面や出会いに応じる一切の意味に対して適切に応答できる言葉を按排できる機械はあり得ない，と．そして，"第2に，かかる機械は，私どものいかなる者とも同等に，あるいはそれ以上に多くの事を遂行するとしたところで，このものにはどうしても免れ難い欠陥がある．何が欠陥かと言えば，かかる機械は自覚によって動くのではなく，単にその器官の装置に従って動くだけだからである．けだし理性はいかなる種類の出来事であろうとこれは応じうる万能の道具である．これに反して，それらの器官はといえば，個々の動作に対して個々別々の装置を必要とする．それ故に，理性が私どもを動かすような調子に，ただ1つの機械のうちに，私どもの全生涯のあらゆる場面に応じて，これをうごかすに足るだけの種々の装置を施すということは，恐らく不可能なことである"[1-7]．

人間は生まれてすぐに言葉が使えるわけではない．母親や家族を通じて，つねに話し掛けられ，「アウ，アウ」や「マンマ，マンマ」という繰返し語（赤ちゃんのいわゆる喃語）を話し出すうちに，「ママ」が自分の母親であることを認識して声を掛けるようになり，2歳前後から爆発的にカタコトの単語が増える．そして，二つ三つの単語を連ねて短いが，文法構造のある言葉を発し出す．例えば，「アレ，なあーに」「オシッコ出そう」，自分の名をミーチャンという子が

「ミーチャン，ネムクナイ」といったりしだす．言葉は覚えるものであるが，幼児はいつの間にか文法に従った文を話すようになる．すなわち，人間は言語を獲得する能力をもって生まれるが，しかし，この文法に則した言葉が話せるようになるのは"学習"なのであろうか．行動心理学の泰斗であり，幼児の発達心理学の権威者として尊敬されたJ.ピアジェは，言葉の発達は行動学習の典型であると考えた．他方，N.チョムスキー（Chomsky）は，自由構文言語と名前をつけた第三の言語を提案するとともに，その考え方を発展させて，人間である限り言語能力は生得的に存在すると考え，普遍文法を獲得するなんらかの仕掛けが脳に備わっていると仮説した（これを言語獲得装置と呼ぶ）．ここに，普遍文法とは，英語や日本語といった個別言語の文法規則（個別文法と呼ぶ）を越えて，言語に共通する「原理」に基づきながら，文を構成する句の順序や，句の中の語順を定める一定の文法規則とが存在し，この規則は，それぞれの言語がもつパラメータによって決められると考える[1-9]．チョムスキーの生成文法理論（ここでは，詳しくは述べないが，文献[1-10],[1-11]などを参照されたい）では，普遍文法は「話し手が脳の中に持っている，当該言語のすべての文法的な文を生成する規則や原理の体系，およびそれを一定の記号で記述したもの」（広辞苑，第5版（1998））となる．

人間に最も近いチンパンジーも，単語としての言葉をいくつか覚えることができることは，よく知られている．ボノボ（ピグミーチンパンジー）が人間の発する言葉の指示に従って行動するシーンは，何回かテレビで紹介されている．アメリカ手話やサインをチンパンジーに教え，チンパンジーが文を作る能力があるかどうか，詳しく調べた報告によると[1-8]，単語（サイン）の組合せは，いつまでたっても平均1.1語から1.6語の間で終わった．なお，断るまでもないが，手話は単なるサインの集合体ではなく，手話にはそれぞれの個別言語において文法構造があり，自然言語そのものである．チンパンジーは個別の単語は記憶できても，文を作る能力には欠けている．この意味で，人間の言語獲得の能力は人間の人間たることを認証する一つの証しなのである．

しかしながら，文法に則した文を作り出す脳内の物理的メカニズムがなんであ

るかは，ほとんど解明はされていない．やっと，ごくごく近年になって，脳の活動パターンをイメージ化できる装置が開発され，脳科学における言語の実験的研究の突破口が開かれた[1-9]．脳機能イメージングにはPET（positron emission tomography，陽電子放射断層撮影法），fMRI（functional magnetic resonance imaging，機能的磁気共鳴映像法，あるいは機能的MRI）が中心であり，これらの技術によって文法の特定の処理を行っているときに脳のどの部分が活動するか，また，どのようにネットワークを組んで活動するか，その対応関係が調べられるようになった．しかし，文法中枢がどこであったとしても，わかるのは脳のどこが働いているかであって，なにをどう考えているか，なにをどういう原理で処理しているかまではわからないであろう．ここではこれ以上の詳細には触れないが，文法の間違いを見つけているとき，ブロードマンの大脳皮質地図上の44野と45野（これらは併せてブローカ野と呼ばれる）に局在が見られたことが報告されている（図1.5）[1-9]．ここは，左脳の前頭葉に当たり，脳梗塞によって起こる発話障害はブローカ失語と呼ばれ，ここに損傷が及ぶことが原因であることがわかっている．なお，サルや類人猿の脳にはこのブローカ野が存在しない．

　以上で論じたように，幼児が文法を獲得できる物理的メカニズムはいまだ不明である．その手がかりを見つけるために役立つかどうかわからないが，チョムスキーの生成文法に基づき，酒井邦嘉氏[1-9]がまとめた言語の法則を紹介しておこう．これは，ニュートンの運動の三つの法則（5.1参照）にならってつくられた．まず，酒井はつぎの定義を与えている．

定義1　形態素とは，特定の意味を持つように有限個の要素（音素）を組み合わせた最小のまとまりである．名詞や動詞は，形態素の一例である．

定義2　句（phrase）とは，名詞や動詞などの一つのみを主要部（head）とする最大のまとまりである．句は主要部以外に別の句や形態素を含むことができる．

定義3　文（sentence）とは，対等の関係にある一対の名詞句（主語）と動詞句（述語）がつくる最小のまとまりである．この定義は，節（clause）の定

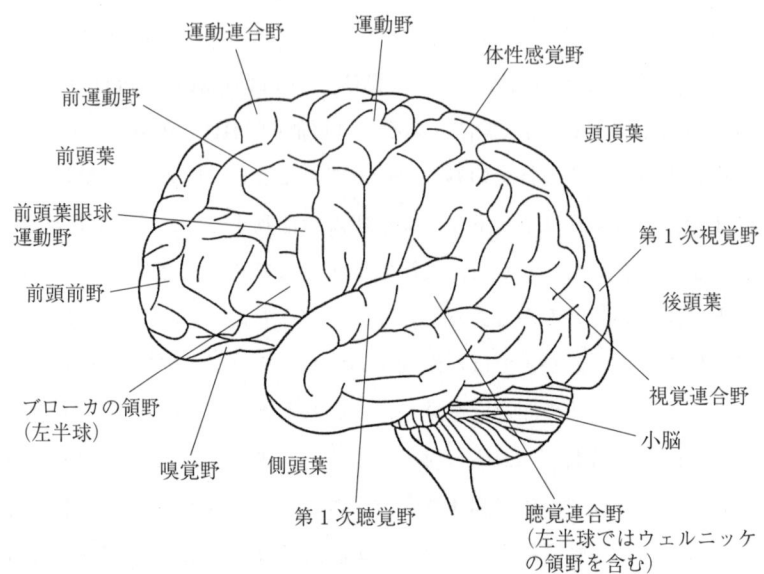

(a) 大脳新皮質

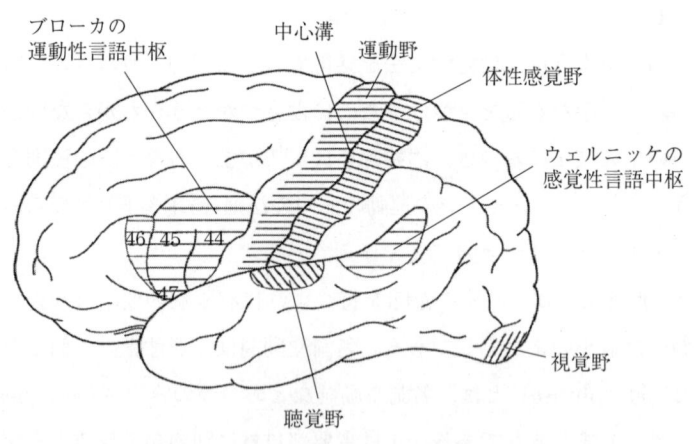

(b) 言語野（44～47野）

図 1.5　大脳新皮質と言語野

義と同じであるが,ここでは文と見なすことにする.主節と従属節からなる複文(例えば,「雪が降る日が待ち遠しい」)は,複数の文からできていると考える.

そして,言語の法則を三つの法則で構成している.

第一法則 形態素・句・文の階層性は,すべての言語に普遍的に存在する.

第二法則 文を構成する句の順序や,句の中での語順には,一定の文法規則が存在する.この規則は,それぞれの言語が持つパラメータによって決められる.

第三法則 人間の脳は,有限個の言語データを入力としてその言語が持つパラメータを決定するための,言語獲得装置を備えている.

音声による発話能力の獲得には,人類の進化のプロセスが大いに寄与している.地上に降りた人類の祖先は**直立二足歩行**することによって手が解放されたが,同時に,口腔・咽頭の形態のみならず呼吸法・そしゃく法の機能にも構造的変化が現れ,「発声動作」を獲得した[1-12].鼻腔口腔 – 喉頭腔 – 咽頭と横に並んでいた気道は頭が胴に直立することによって鼻咽腔部分で直角に曲がるようになった.その結果,舌が後方に下がって逆L字型になり,舌が口腔 – 咽頭の遮断を行うようになり,軟口蓋と舌をわずかに動かすだけで呼気を鼻にも口にも自由に導くことができるようになり,人間は音声を獲得したのである.ここには,音声のために新たに生まれた器官はなく,呼吸,そしゃく,嚥下のために器官をスムースに動かすための中枢の機能向上が,言語中枢の進化のインパクトとなったのである.また,最も重要な発話器官の一つである舌に存在する運動ニューロンの太さ(断面積)は,現代人と類人猿や猿人と比較すると,約2倍太く,また,約30万年以上前の化石人類も現代人並みであったことが報告されている[1-13].急速な舌下運動ニューロンの発達は,ヒトの発話能力の獲得と密接に関係しているはずである.ここには,火を制御し,狩猟を行い,料理を始めた人類のコミュニティーが,本来は嚙みにくい生肉や硬い根菜類が料理されるようになり,強靭な顎の必要性が減って,顎が後退したことが大きく寄与している.火の制御と料理は手の働きの巧みさを必然的に向上させたことも

疑いようがない。

1.5 人間の知能はロボットに移植できるか

1.3節と1.4節で人間の知能が由来する源を二つ，**手の巧みさ**と**言語能力**を述べた。しかし，これら二つの能力がどのようにして創発するか，あるいはどんな原理で獲得しているか，その詳細はほとんど未解明であることも理解されたであろう。これらの能力が育まれるプロセスの詳細が明示的に記述されるなら，あるいは創発するための手続きが数学的に，あるいはアルゴリズムで書けるように，あるいは結局はコンピュータ言語で書けるようにならないと，ロボットに機能させ得ないであろう。

しかし，人間がソサエティーの中で学習して得たある種の知識は，コンピュータに移植でき，機械の中に取り込める。それは，2章で述べるように，知識処理が対象とするある限定された範囲（ドメイン）の中で専門家が持っている"know-how"を文章化し，データベース化したエキスパートシステムである。例えば，簡単なシステムではデパートの案内から，もっと複雑な人間ドックで測定された血液や尿の検査データ，その他から診断結果を作成するエキスパートシステムまで，現在は多種多様に利用されている。

ある限定されたドメインでは，人間の知能以上の働きをしてくれる機械装置もある。それはロボットではなく，カーナビゲーションのセットである。自動車の運転を案内してくれるこの装置（以下，カーナビと略称）は，地図データを収納したCD（コンパクトディスク）あるいはDVD（ディジタルビデオディスク）とGPS（地球測位システム）からなり，FMで交通情報（VICKS）を受け取りつつ，目的地への距離が最も短いルートや，最も早く到着できる最短時間ルートを教えてくれる。液晶画面には指示した付近の地図が表示され，自分の車の位置とともに目的地へのルートが色で指示される。カーナビのコンピュータは，他方では，地図の画面に付随した地図データから交差点を主体に地図グラフをつくり，最短ルート探索や，交通情報に基づく最短時間ルート探索を行っ

ているのである．そこには3.3節で述べるようにグラフ探索のアルゴリズムが実装されており，その他，音声による案内や，注意の呼びかけのサービスも実装されている．実際には，GPS信号はトンネルや高層ビルの谷間では届かないことがあり得るので，車の車輪の回転速度と操舵角を物理量として取り込みつつ，計算によって推測した走行軌道を地図と照合させつつ表示する方法（デッドレコニング，dead reckoning という）と組み合わせているカーナビもある．また，リモコン操作だけでなく，音声認識を組み込んで音声入力で操作する技術展開も実験されているが，音声認識の信頼性の向上がもう一段階上がるまで，実用化は見送られているのが現状である．

人工知能が最初に掲げた目標は機械（コンピュータ）にゲームをさせ，人間を負かす試みであった．それは**一般問題解決器**（general problem solver）と呼んだ枠組みの中で研究されたが，それぞれのゲームに特有の方法を展開することが肝要なことに気づき，最初の目標は"オセロ"ゲームに焦点が当たった．しかし，オセロにはゲームそのものに深みと広がりが不足するので，ごく簡単に世界チャンピオンを負かすソフトがつくられ，次いで"チェス"競技のソフトウェア開発に興味が移った．1997年，IBM社の"Deep Blue"と呼ぶチェスのために特別につくられたコンピュータとそのソフトウェアを開発した人々によって，当時のチェス世界チャンピオンであったG. カスパロフ（G. Kasparov）は六番勝負を戦い，1勝2敗3引分けで敗れた．コンピュータがチェス競技で世界チャンピオンを破ったニュースは世界中に配信され，関心ある人々を驚かした．これで人工知能が成功したと断定するのは早すぎるが，しかし，当初に掲げた目標の一つが達成されたという意味で人工知能は部分的にはつくり得る（あるいは，ある種の知能はコンピュータに移植できる）ということもできる．1997年には，しかし，日本の将棋のソフトはまだまだ弱かった．当時，将棋ソフトは専門家（人工知能の研究者ではなく，ゲームそのもののソフトを創造することに興味をもち，情熱を注いでいた人たち）の手によってつくられ販売されはしていたが，たかだか，アマチュアの2, 3級のレベルであった．

将棋ソフトが相当に高いレベルの人間プレーヤを負かしたのは2005年6月で

あった。第18回アマチュア竜王戦（読売新聞主催）の全国大会に招待された将棋ソフト"激指（ゲキサシ）"がベスト16まで勝ち進んだのである。そのニュースは大会初日（6月25日）の夕刊ニュースの一面を飾り，NHKの「ニュース10」でも特集された。参加者は各都道府県で選抜された合計56人。まず予選会で2回，あるいは3回戦い，少なくとも2勝すると決勝戦に出られる。この予選会では激指は2連勝し，決勝トーナメントの参加枠（28人）に入った。そして，決勝トーナメントの1回戦に勝ち，ベスト16に残り，ベスト8をめざした2回戦で敗退した。

　将棋を指さない人にはわかりにくいかもしれないが，激指がどの程度の知力をもっているか，それを知るには実際に勝った場面と負けた場面を見てみるのが一番であろう。予選リーグ1回戦で戦った場面を図1.6に示す。相手は北海道代表の強豪であったが，この盤面までもっていった序盤，中盤も素晴らしいが，終盤は目がさめる。図1.6の盤面ではすでに激指は勝勢を築き上げているので，人間であれば4七角成と指し，と金を生かして安全勝ちをめざすかもしれないが，実際には7六角と指し，そこから一気に詰ました。7六角の後，同玉，7五銀，同玉と玉をつり上げ，7四飛，6五玉，7六角，5六玉と相手の玉を5筋に追いやる。普通，盤面の右側の先手側には味方の駒はと金しかないので非常に薄いにもかかわらず，玉を右側に追いやって平然としている。次いで激指は5五歩とし，5七玉，4七と，同玉，4六銀，3八玉，3七銀打，3九玉，

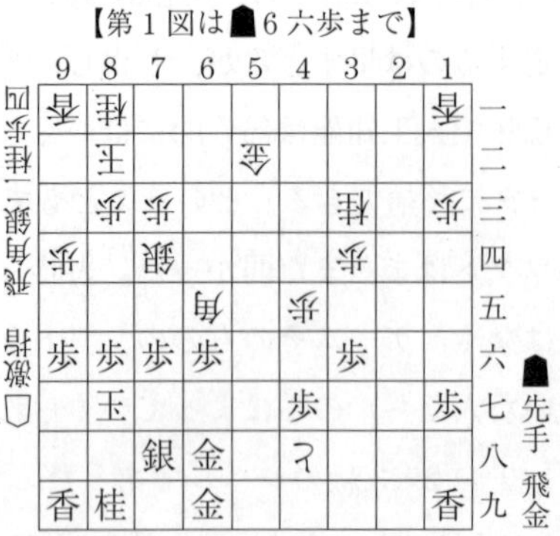

図1.6　激指の知力

1.5 人間の知能はロボットに移植できるか

２七桂，２九玉，２八歩，１八玉，１九桂成で人間は投了に追い込まれた。先手側の玉はとうとう１筋まで追いやられた。最後の投了は１九桂成と１九の香を取られたからであるが，投了後は，１九同玉，２九歩成，同玉，２六香，１八玉，２八香成で詰む。

激指は将棋ソフトの第 15 回（2005 年）世界選手権で優勝したが，第 14 回は別の IS 将棋ソフトが優勝した。激指とかなりいい勝負をする将棋ソフトはいくつか開発されており，日進月歩している。しかし，将棋のプロ選手には，平手ではいまだにかなわない。しかし，角落ち戦ではプロが相当に本気になって戦って，勝ったことも報じられている。人間の将棋の知力でコンピュータ移植が難しいのは，序盤から中盤に向かうときの手のつくり方にあるようだ。最後にベスト 8 をめざして戦って人間に負けたときの中盤への入り口の盤面を図 **1.7** に示す。激指が６四銀としたときの盤面であり，すでに相当の作戦負けに陥っている。人間側の玉は金銀桂で守られ，ガードが堅く，飛角がさばけて好位置につけているが，激指側は玉飛接近の悪形を強いられ，飛が働けない位置にいる。序中盤の劣勢が逆転することなく，福井県代表の強豪に敗れ去った。

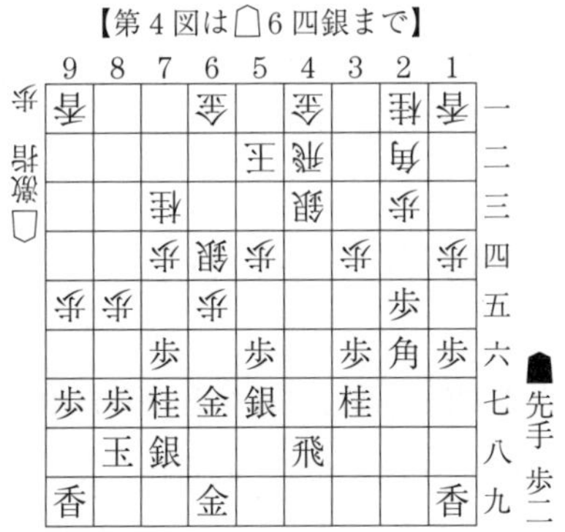

図 **1.7** 激指の敗北

チェスや将棋のソフトウェアの"知"の核心部分はなんであろうか。終盤は，明らかにチェックメイトや詰みまでの読みの力である。つぎの可能な手は多いが，つぎのつぎの相手の可能な手，三手目，四手目になるごとに変化する盤面の数は指数関数的に増大する。これを木のデータ構造に展開し，探索しつつ，最

終の詰めを見つけていく．探索すべきすべての手の数があまりにも多いとき，そのいくつかは省略しないといけない．つまり，刈り取りをするが，それが難しい．当然，可能な手の中で盤面の駒の働きを評価し，優先順位をつける．この評価をいかに行うかが決め手となる．探索アルゴリズムについては3.3節で述べるが，激指をそれほど強くしたのは評価関数の革命であった，と開発者の鶴岡廣雅氏はいい，具体的につぎのように述べている[1-8]．

「例えば，王手が掛かったときは深く読みなさい，直前に動いた駒を取るときは深く読みなさい，といった命令を書き加えていくんです」．

こうして，人間の"知"が移植されていく．問題は，どんな"知"を知識処理のどこのプロセスで働かせるか，であろう．

人工知能の世界では，人間のもつ"know-how"や"知"をコンピュータに移植することには成功した．しかし，学習させる能力を機械につくり込むことには成功していない．それは前節で述べたように幼児の言語獲得について，学習で獲得する構造が明示化できていないからである．また，1.3節で述べたように，あるいは1.6節で述べるように，幼児の運動能力がどのような構造で獲得されるのか，それが学習なのか，創発なのか，わかっていないからである．いい換えれば，人間の手の運動の巧みさがどのような力学的原理で獲得されるのか，その構造やプロセスが明示化できていないからである．

1.6　身体運動と巧みさの科学

ロボットは複数個の剛体リンクを関節を通して連結した多自由度のシステムである．普通，一つの関節は，回転関節であればその回転を表す物理変数（回転角）θ を対応させる．人間の筋骨格系もたくさんの可動関節をもつシステムと見なすことができる．このようなある限定された物理システムでは，その運動状態を決定づける変数の中で，たがいに独立に変化し得る変数の数を**自由度**(degrees of freedom) という．

産業用ロボットが従来の伝統的な機械と異なる要因は，物理システムとして

の自由度が大きいことにある．多関節型の産業ロボットは，手先効果器（ハンドに相当する部分）の自由度まで含めると，5ないし6自由度をもたせている．人間の手に模して造られたロボットハンドでは，一つの指が少なくとも3自由度をもち，全部で20自由度近いロボットハンドが造られている．ソニーのアイボを始め，ダンスするロボット "QRIO" やさまざまな二足歩行ロボットもいまや10～20の自由度をもたせている．自由度を増したロボットを造ると確かに，人に似せ，人々を驚かせる多様な運動をさせることができる．しかし，それでも詳細に見るとき，それらの運動に**巧みさ**（dexterity）が認められるであろうか．1.5節で議論したように，人の手はさまざまな作業を巧みに行い得る．それは手指にたくさんの自由度があるからこそである，といわれる．しかし，作業を記述する物理変数の必要最小限数よりもずっと多い関節自由度をもつハンドに作業させたいとき，どのように制御信号をつくればよいか，とたんに困る．例えば，図 **1.8** に示すように，自由度4をもつとして見たときのハンドとペンによる書字を考えてみよう．ペン先を2次元 xy 平面のある1点 P にもって行きたいとしよう．関節数は全部で四つあるので，途中のペン先の運動軌道はいろいろとあり得るし，途中の手の姿勢のとり方も無限にあり得る．このように冗長な自由度をもつとき，作業空間から関節空間への逆が一意に定まらなくなり，このことを逆運動学の決定不能性，あるいは**不良設定性**（illposedness）という．このことは，もっと具体的に6.1節で述べることにしよう．

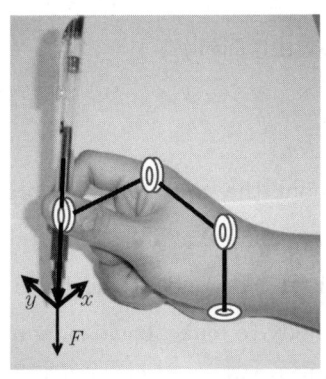

図 **1.8** Human handwriting

人の身体運動が行う"巧みさ"の秘密を暴くことが科学になり得ることを初めて示したのはN.A. ベルンシュタイン（Bernstein, 1896～1966）であった[1-15]。著者がその名を知ったのは，ロボットの力学に関する有名なテキストブック[1-16]をひもといたとき，p. 303のつぎの文章に出会ったときであり，それは2000年紀を迎えようとした時期に重なる（ここでは原文のまま引用する）。

"The study of human biological motor mechanisms led the Russian psychologist Bernstein to question how the brain could control a system with so many different degrees of freedom interacting in such a complex fashion. Many of these same complexities are also present in robotic systems and limit our ability to use multifingered hands and other robotic systems to their full advantage."

ここでは，ベルンシュタインは心理学者として名前が引用されていた。しかし，心理学にはそれほどの造詣をもたなかった著者にはまったく心当たりがなかったが，1.3節で述べた発達心理学の文献を探索し，読み通していくうちに，Fagard[1-3]やThelen等[1-4]の論文の中で，赤ちゃんや幼児の運動能力の発達を説明した"動的システム"アプローチ（動的パラダイムという人もいる。本書では，以下，こちらを使う）がベルンシュタインの影響を受けていることを知り，1967年に出版されたベルンシュタインの著作[1-17]を知った。しかし，この本は，残念ながら絶版になっていた。そして，2003年の春ごろになって，やっとベルンシュタインの業績の再検討を集録した本の中でG. ヒントンの論文を見つけ[1-18]，ベルンシュタインの冗長自由度問題が脳科学にとっても未解明の問題であることを知った。ヒントンはベルンシュタインが最も関心を示した問題点を簡潔につぎのようにまとめている。

"First, what can we infer about the code that the brain uses to communicate with the periphery, and what does that tell us about how the computation is organized? Second, if the brain knew just what movements it wanted the body to make, could it figure out what to tell the muscles in order to make it happen? Third, how is it possible

1.6 身体運動と巧みさの科学

to coordinate a system with so many degrees of freedom that interact in such complex ways? How does the brain make sensible choices among the myriad possibilities for movement that the body offers?"

このロボットの力学の教科書に書かれた文と，後にニューラルネットで業績を挙げたヒントンの1984年の論文の中に共通して，"環境と複雑に相互作用するこんな多くの自由度をもつシステムを制御する（協調させる）"ことの難しさが指摘されているのである．

N.A. ベルンシュタインは1940年代，"身体運動と巧みさ"を中心テーマに一般向けの読者を想定して原稿を書きためていた．第二次世界大戦後，出版社へ提出され，イラストを完成し，校正を終えたとき，出版はお蔵入りになった．ベルンシュタインが旧ソ連邦中央労働研究所のバイオメカニクス班研究室長の職を追われたことが原因している．その事情は，数十年ぶりに手書きの原稿が発見されたドラマを含めて，日本語訳版[1-15]の原本となった英語版[1-19]のPartIIに詳しく書かれている．元の同僚であったI.M. ファイゲンベルグが，ベルンシュタインの死後，何年もしてベルンシュタインが住んでいたモスクワの家を訪れた．埃まみれの書棚の最上部に，天井に届かんばかりのところに，写真紙の裏にびっしり書き込まれた手書き原稿の束を見つけたときのことを．そして，さらに，予定していた出版社に校正刷りが残っていた！

ベルンシュタインが書いた本来の原稿の題名は"On Dexterity"となっていた．われわれが日常生活で動かすなにげない身体の運動の中に，特に手と腕の動作の中に見られる巧みさの中に，科学として解明すべき謎が充満していることを60年も前に示していたのである．

ここでは，巧みさをロボティクスの立場からもう少し議論しておきたい．いままでのロボットは，ロボットマニピュレータのメカニズム設計では関節数（自由度）が冗長になることはなるべく避けてきた．それは，手先を空間中のある点にもって行く最も単純な作業（reaching, 到達運動という）についてすら，**逆運動学や逆ダイナミクスの決め方が無限にありすぎて問題が決定不能**（あるいは**不良設定**）になるからである．そこで加速度最小規範や，加速度の微分（jerk），

トルク，トルクの微分，等の物理量の2乗規範を導入し，それが最小になるように手先や関節の軌道を決めるか，あるいは制御入力を決める方法が提案された。しかし，これらの方法は膨大な計算を要し，制御法を実装するにはあまりにもコストがかかった。しかも，人間の脳がこのような計算ずくで制御入力信号をつくっている証拠は見いだせるとだれも信じてはいなかった。二足歩行ロボットでは人間の歩行メカニズムに似せるため，なるほど自由度数は増えたが，それが動的で安定な歩行のために冗長であるかどうか，解析されないままに至っている。後で議論するように，二足歩行の巧みさは，むしろメカニズム全体がリズムをもって運動する一つの連続的運動パターンの安定性に関するので，種々さまざまな作業へ柔軟に順応できる運動能力（versatility，多芸性）としての"巧みさ"とは少し異なる。

多芸多才で巧みな身体運動は，われわれの腕と手に見られる。卓越したシェフ（料理人）の手さばき，大工さんの道具の使い方の巧みさ，バイオリニストの腕と手のダイナミックな動きとともに，緩急自在に，大胆かつ繊細に，楽器との"interuction"が生み出す音楽，等は日ごろ，われわれは目にしている。その中にひそむ"巧みさ"をわれわれは科学として説明可能にしないと，その巧みさはロボットに移植することは不可能であるように思える。もっと単純に，われわれの手が巧みでかつ多芸多才であることは，"手話"を見るともっとよく理解できる。手話が文法をもつ自然言語であることはすでに1.4節で述べた。手話は当然，"アイウエオ"の48文字や"ABCDE"の26文字に対応する手話表現をもつ（表1.2）。しかし，単語には，単なる手指の形だけでなく，ダイナミックな動きを伴う。文章にして対話するときには，腕や顔の表情の動きなどが加わって，優美ささえも見てとることができる。感情表現にはむしろ音声以上に伝えるものを表出できる。拇指が人類進化に与えた影響はすでに述べたが，手は道具を作り出すとともに，コミュニケーションの手段としても大いに寄与したことが想像できる。ハワイのフラダンスでは，手の精妙な動きで種々の物や対象，例えば，"目"，"舟"，"男"，"魚"などを表現する上に，腕と足腰を連動させつつ手の振りも連ねて，踊り動作で見る人に文意を伝えるのである。図**1.9**

1.6 身体運動と巧みさの科学　27

表 1.2 手話の"アイウエオ"を表現する指文字（右：手前から見た形，左：相手から見た形）

(ア)	(カ)
相手から見て「a」の形になる	前に倒した中指に親指をつける
(イ)	(キ)
小指を立てる	影絵をするときのキツネの形
(ウ)	(ク)
立てた2本の指が「U」の形になる	「9(く)」と同じ
(エ)	(ケ)
相手から見て「e」の形になる	敬礼（けいれい）の手の形
(オ)	(コ)
丸めた手が「O」の形になる	「コ」の上部になる

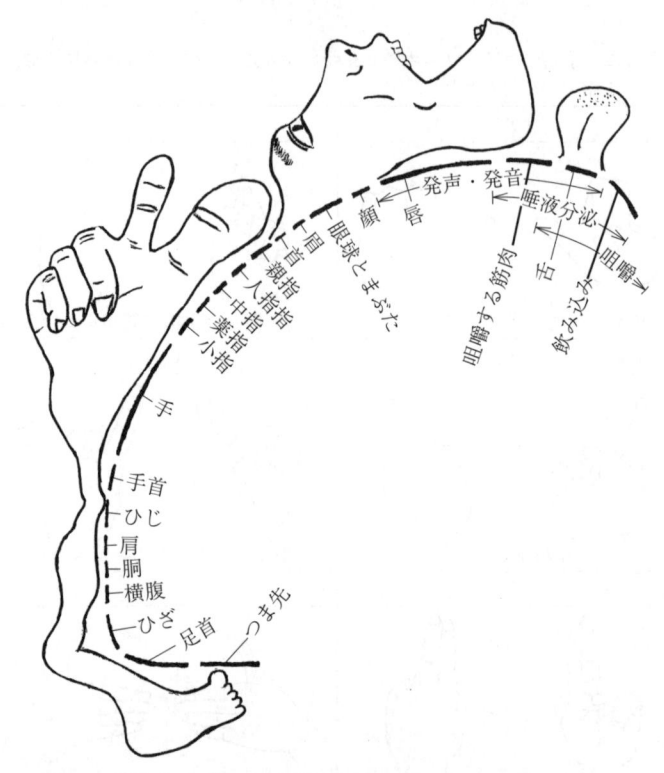

図 1.9 運動に関する大脳皮質（運動野）のトポグラフィカル表現（原図は Penfield & Rassmussen によって作られた）

に，Penfield と Rassmussen による有名なトポグラフィカルな**大脳皮質**の垂直断面図を示しておく．感覚と運動に直接関係する大脳皮質（運動野）の中で手に関与する部分が圧倒的に大きく，それが顔や口と舌の音声生成に関与する皮質の増幅へと向かったことが想像されるのである．この図で見ると，足に関する大脳の関与はそれほど大きくない．それは，個々人にとって特徴的な歩容が固定すると，反射運動が主体となるからであろう．実際，鳥の多くは二足歩行でき，ダチョウは走れるし，鶴やフラミンゴは見事に歩き，1本足で立ったまま眠ることさえできる．最近，レッサーパンダが2本足で直立し，人気を博しているが，ヒグマも直立できる．しかし，ダイナミックな二足歩行を安定化することは易しくはない．二足歩行に関するこの動的な観点については本書では

結局は取り上げることはしないが，その重要性を際立たせるほどには明示的な解析が進んでいないことがその理由になる．

手の巧みさは，超高齢化社会を迎えたいま，もっと深く解明されることが望まれる．脳の活性を維持するには手の運動を絶やさない努力が必要であることは，多くの人が指摘している．老人ホームでは，手の体操を常時行っているところは多い．合唱しつつ手を動かす好例には，「結んで，開いて，手を打って結んで，また開いて……」がある．2004年秋の台風で京都府北部の由良川が氾濫し，国道175号線上でバスが立ち往生したとき，車内に水が充満し，乗客はバスの上に逃れた．しかし，たちまち水はバスの屋根の上に立つ人々の膝まで達したまま，平均年齢67歳の37人が取り残された．秒速20m近い強風と雨の中，真夜中になり，身体が冷えきり睡魔に襲われるとき，危険が迫った．そのとき，1人が大きく声をかけ，「結んで，開いて」と歌い出した．みんなが唱和し，大合唱になるとともに腕と手を動かし，こうして寒さと眠気と闘い続け，約10時間後の午前6時に全員が無事に救出された．睡魔と闘い，脳を活性化するには手を動かすこと，口を動かすことの大切さをこのエピソードは教えてくれる．

最後に，一時はブームになっていた"embodied intelligence"（身体に宿る知能）を提唱したR.A.ブルックス（Brooks）の**サブサンプションアーキテクチャ**（subsumption architecture）を紹介しておこう．知を具現せんとするこのアーキテクチャは，センサとアクチュエータを直結するモジュールを階層的に積み重ね，必要に応じて上層のモジュールが下層のモジュール群を非同期的に支配する層構造で作られる（**図1.10**）．下層では，センサ信号からモータ制御までの経路を短くし，単純な反射的制御が実行できるようにする．ブルックス自身は自律移動ロボットの研究者であったので，環境の絶え間ない変動に対応して，地図を修正し，障害物を回避して作業を達成する移動ロボットの制御法を考えているうちに，このアーキテクチャに思い至った．このアイデアは人工知能の学術的貢献に対して毎年1件の論文に対して贈呈されるチューリング賞を受けたが，後には，強い批判にもさらされた．ブルックス自身は，机や椅子が置かれ

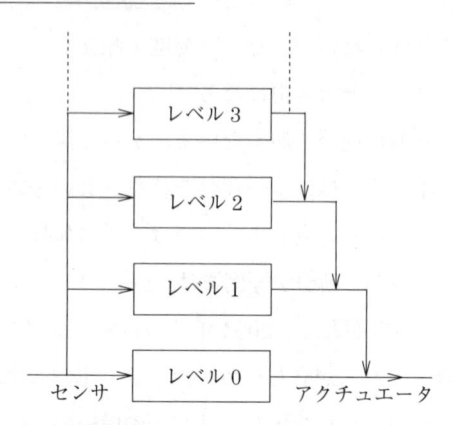

制御信号は階層構造化されてアクチュエータに
伝達される。

図 1.10　サブサンプションアーキテクチャ

た雑然とした部屋を自動的に掃除するロボットを造り，商業化させはした。このように，移動ロボットの制御という個別の応用に対してはその有効性を実証してみせはしたが，階層構造間の結合のあり方（ネットワーク）やモジュール間の結合法などが示されず，そのためか"知"の片鱗すら見えてこない，という論評を受けるに至っている。実際，AI 学界の大御所であり，"The Society of Mind" と題する著作でも有名な M. ミンスキー（Minsky）の批判は，「"サブサンプションアーキテクチャ"の考え方はミミズに対してなら 90％は正しいが，人間となれば話は別である」，「ロボットコミュニティでは，サブサンプションアーキテクチャ一辺倒の現状に対する自己批判がまったくない。他の誰かがつくったことがあるような単純なロボットを飽きもせずつくり続けている……」[1-21]。しかし，ブルックスの主張は以下の点で AI やロボティクスの両分野の研究者に深い示唆を与えたことは否定できない。

1) ブルックスのロボットでは，環境や自分自身のモデル表現をあらかじめもっておく必要がない[1-22]。内部モデルを必要としない制御の重要性を指摘。
2) 複雑な行動は，複雑な計算の莫大さから来るのではなく，環境の複雑さ

から来る。

3) 反射的な感覚と運動の協調から行動のプラニングに至る知の階層構造が構成できる。

章 末 問 題

【1】 ロボティクスで用いられる PD 制御，PID 制御について調べ，制御工学やプロセス制御の分野で使われる PID 制御とどう違うか，調べよ。

【2】 人間に特徴的な想像する力はどこから生まれたか，想像してみよ。

【3】 日本ロボット学会は西暦何年に設立されたか調べてみよ。また，人工知能学会はいつ設立されたか。

【4】 C.E. シャノンは IT 革命の父といわれるが，チェスのコンピュータプログラムを最初に提案し，論文を書いた。また，迷路探索を行うマイクロマウスも，1950 年前後には自宅の工房で造ったことが知られている。本当にそうかどうか調べてみよ。

【5】 A. チューリングは第二次世界大戦中，ドイツ軍の暗号解読に貢献したといわれる。どんな貢献をしたか調べてみよ。

【6】 2006 年の現時点まで，コンピュータやメモリの技術発展のスピードを支配したといわれる "Moore の法則" はどんなことをいっているか調べてみよ。

【7】 IC（集積回路）はいつ，だれが発明し，また，初めて IC メモリを製作してみせたのはだれか。それは何年であったか。

2 人間とコンピュータとの共生：コミュニケーション
シンビオシス

　機械（コンピュータあるいはロボット）と人間がたがいにコミュニケートできるはずであることは，いまではそれほどの異論もなく認められている．しかし，半世紀以前では，機械と人間の間にコミュニケーションを意図させる試みはむしろ珍奇の目で見られていた．この章では，1948年にディジタル通信の幕開けを行ったC.E. シャノン，人間と機械との間に信号処理という共通認識をもたせ得ることを指摘し，サイバネティクスを提唱したN. ウィナー，そして人間とコンピュータの対話を通してコンピュータと人間が見分けられるか，という問題提起（チューリングテスト）を行って人工知能という研究分野を開いたA. チューリング，この3人の考え方を紹介しつつ，現代のIT革命につながった歴史的発展を概観しておく．この章の目的は，どんな科学哲学的基盤のもとでロボットと人間がコミュニケートできるか，その問題の広がりと限界を理解することにある．

2.1 サイバネティクスの誕生

　人間と機械（コンピュータ）の間のコミュニケーションを科学技術の一分野として考えたのはN. ウィナー（Nobert Wiener）が最初であった．
　彼の自伝[2-1]の12章を読めば，第二次世界大戦の最中（1940〜1945年），神経生理学者，通信工学者，計算機械研究者という異分野の人たちがプリンストンで集まった非公式のミーティングが，**サイバネティクスの誕生**のきっかけになった，という記述に出合う．そのとき，機械と生体に共通した，あるいは

2.1 サイバネティクスの誕生

共有した通信（コミュニケーション）と制御（コントロール）の理論が誕生したとウィナーは記した．実際に，**サイバネティクス**という言葉をウィナーがつくり，本[2-1]を書き出したのは第二次世界大戦後の1946年であったようである．サイバネティクスは1960年代には世界的にブームとなり，多くの科学技術に影響を与えたが，工学の世界ではクリアで目立った工業製品には直接結びつかなかった．しかし，生体工学をはじめとして，現在の人工知能，脳科学，医用電子工学の中にサイバネティクスから展開された手法や，概念が生かされている．

ウィナーの最大の貢献は信号処理の基礎理論をつくったことである．ウィナーのフィルタ理論，予測理論，がそうであるが，ランダムな信号とある規則をもった信号が重なってはいるが，その中で意味をもっているだろうと推定できる信号をできるだけ忠実に復元することを試みた[2-2]．そして，心電図波形や脳波，筋電図，等々の時系列信号の統計的処理法の基本を与えた．例えば，自己相関関数をとってフーリエ変換することにより，スペクトル波形を取り出し，あるいは二つの信号の間の相互相関をとることによって，たがいの関係を明らかにする理論と技術は，いまや，生体工学や脳科学の基本的テクノロジーとなっている．それらは，音声信号処理にも基本的であり，携帯電話の音声生成をつかさどる VLSI チップの中に機能している．

ウィナーフィルタは，雑音の中に埋もれた信号成分を取り出す**最適フィルタ**である．最適であるというのは，フィルタ処理して得た信号成分（これを推定量と呼ぶ）と真の信号成分の間の2乗平均を最小にするという意味からくる．1960年に，R.E. カルマン（Kalman）はウィナーフィルタをつぎの二つの方向で拡張し，その信号処理アルゴリズムをコンピュータに実装することに成功した[2-3]．

1) 定常なランダム信号ばかりでなく，非定常な場合も定式化し，アルゴリズムを構成した．
2) ランダム信号を線形動的システム表現することによって，推定量をつくり出すアルゴリズムをも線形動的システムで記述した[2-4]．

実際，どんな形式で**カルマンフィルタ**が構成されるか，定常なランダム信号の場合を例にとって，図 **2.1** にそのアルゴリズムを示しておく。図 **2.2** には非定常なランダム信号をフィルタ処理するカルマンフィルタを示す。なお，非線形の動的システムに雑音が入った形式で信号が出力する場合のフィルタリング問題も 1960〜1970 年代にかけて詳しく研究され，拡張カルマンフィルタのいくつかの形式が提案されている。ロボティクスの分野では，動く物体の追跡を行うロボットビジョンにはカルマンフィルタは基本技術である。また，複数のセンサ（例えば，カメラからの視覚情報，超音波や赤外線を用いたレンジセンサからのデータ，等々）からのたくさんの情報データを融合（フュージョン）させて，対象認知を行う方法をセンサフュージョンと呼ぶが，その基本テクニックとしてもカルマンフィルタは使われる。

カルマンフィルタは近未来の予測のためにも使われる。超大型コンピュータを駆使して膨大な計算を行う気象シミュレータや地球シミュレータでは，大気

信号生成過程：

$$\begin{cases} \boldsymbol{x}_{k+1} = A\boldsymbol{x}_k + B\boldsymbol{v}_k \\ \boldsymbol{y}_k = C\boldsymbol{x}_k + \boldsymbol{w}_k \end{cases}$$

白色雑音 $\boldsymbol{v}_k$，$\boldsymbol{w}_k$ の平均値と分散：

$$\begin{aligned} &E\boldsymbol{v}_k = 0, \qquad E\boldsymbol{w}_k = 0 \\ &E\boldsymbol{v}_k\boldsymbol{v}_j^{\mathrm{T}} = V\delta_{kj}, \quad E\boldsymbol{w}_k\boldsymbol{w}_j^{\mathrm{T}} = W\delta_{kj} \\ &E\boldsymbol{v}_k\boldsymbol{w}_l^{\mathrm{T}} = 0 \end{aligned}$$

ここに $\delta_{kj} = 0\ (j \neq k)$，$\delta_{kk} = 1$，$E$ は期待値演算。
カルマンフィルタ：

$$\begin{aligned} &\hat{\boldsymbol{x}}_k = (I - KC)C\hat{\boldsymbol{x}}_{k-1} + K\boldsymbol{y}_k \\ &K = PC^{\mathrm{T}}W^{-1} \end{aligned}$$

P はつぎの式を満たす正定解：

$$P = \left\{(APA^{\mathrm{T}} + BVB^{\mathrm{T}})^{-1} + C^{\mathrm{T}}W^{-1}C\right\}^{-1}$$

図 **2.1**　定常カルマンフィルタ

信号生成過程：

$$\begin{cases} \boldsymbol{x}_{k+1} = A_k \boldsymbol{x}_k + B_k \boldsymbol{v}_k \\ \boldsymbol{y}_k = C_k \boldsymbol{x}_k + \boldsymbol{w}_k \end{cases}$$

白色雑音の平均値と分散：

$$E\boldsymbol{v}_k = \bar{\boldsymbol{v}}_k, \quad E\bar{\boldsymbol{w}}_k = \bar{\boldsymbol{w}}_k$$
$$E(\boldsymbol{v}_k - \bar{\boldsymbol{v}}_k)(\boldsymbol{v}_j - \bar{\boldsymbol{v}}_j)^{\mathrm{T}} = V_k \delta_{kj}$$
$$E(\boldsymbol{w}_k - \bar{\boldsymbol{w}}_k)(\boldsymbol{w}_j - \bar{\boldsymbol{w}}_j)^{\mathrm{T}} = W_k \delta_{kj}$$
$$E(\boldsymbol{v}_k - \bar{\boldsymbol{v}}_k)(\boldsymbol{w}_j - \bar{\boldsymbol{w}}_j)^{\mathrm{T}} = 0$$

カルマンフィルタ：

$$\begin{aligned} \hat{\boldsymbol{x}}_k &= \tilde{\boldsymbol{x}}_k + P_k C_k^{\mathrm{T}} W_k^{-1} \{\boldsymbol{y}_k - C_k(\tilde{\boldsymbol{x}}_k + \bar{\boldsymbol{w}}_k)\} \\ P_k &= M_k - M_k C_k^{\mathrm{T}} (C_k M_k C_k^{\mathrm{T}} + W_k)^{-1} C_k M_k \\ \tilde{\boldsymbol{x}}_{k+1} &= A_k \hat{\boldsymbol{x}}_k + B_k \bar{\boldsymbol{v}}_k \\ M_{k+1} &= A_k P_k A_k^{\mathrm{T}} + B_k V_k B_k^{\mathrm{T}} \end{aligned}$$

ただし，初期値は $\tilde{\boldsymbol{x}}_0 = \bar{\boldsymbol{x}}_0, M_0 = E(\boldsymbol{x}_0 - \bar{\boldsymbol{x}}_0)(\boldsymbol{x}_0 - \bar{\boldsymbol{x}}_0)^{\mathrm{T}}$．

図 2.2　離散時間カルマンフィルタ

信号過程：　$\dot{\boldsymbol{x}}(t) = A\boldsymbol{x}(t) + B\boldsymbol{u}(t)$

測定過程：　$\boldsymbol{y}(t) = C\boldsymbol{x}(t) + \boldsymbol{w}(t)$

定常カルマンフィルタ：

$$\dot{\hat{\boldsymbol{x}}}(t) = (A - LC)\hat{\boldsymbol{x}}(t) + L\boldsymbol{y}(t)$$
$$L = PC^{\mathrm{T}}W^{-1}$$

P はつぎのリッカチ行列方程式の正定解

$$AP + PA^{\mathrm{T}} + BUB^{\mathrm{T}} - PC^{\mathrm{T}}W^{-1}CP = 0$$

ここに，U, W は白色雑音 $\boldsymbol{u}(t), \boldsymbol{w}(t)$ の共分散行列．

図 2.3　連続時定常カルマンフィルタ

> 信号過程： $\dot{\boldsymbol{x}}(t) = A(t)\boldsymbol{x}(t) + B\boldsymbol{v}(t)$
> $\boldsymbol{y}(t) = C(t)\boldsymbol{x}(t) + \boldsymbol{w}(t)$
>
> 連続時間カルマンフィルタ：
>
> $$\frac{d}{dt}\hat{\boldsymbol{x}}(t) = \{A(t) - L(t)C(t)\}\hat{\boldsymbol{x}}(t)$$
> $$+ P(t)C^{T}(t)W^{-1}(t)\{\boldsymbol{y}(t) - \bar{\boldsymbol{w}}(t)\}$$
> $\hat{\boldsymbol{x}}(t_0) = \bar{\boldsymbol{x}}(t_0)$：初期推定
>
> $P(t)$ はつぎの行列微分方程式の解
>
> $$\frac{d}{dt}P(t) = A(t)P(t) + P(t)A^{T}(t) + B(t)V(t)B^{T}(t)$$
> $$- P(t)C^{T}(t)W^{-1}(t)C(t)P(t)$$
> $P(t_0)$：初期値 $\boldsymbol{x}(t_0)$ の共分散行列
>
> ただし，$\boldsymbol{v}(t)$，$\boldsymbol{w}(t)$ の平均値を $\bar{\boldsymbol{v}}(t)$，$\bar{\boldsymbol{w}}(t)$，共分散行列を V，W とする．

図 **2.4** 連続時間カルマンフィルタ

循環や海流移動の大次元動的モデルに立脚して膨大な観測データを当てはめる．その手段として拡張したカルマンフィルタを使い，気象予報や海流の温度変動の予測，等々の可能性を広げている．確率過程の基礎の上に展開される信号処理論は本書の範囲外であるので，ここでは，カルマンフィルタの連続時間アルゴリズムを図 **2.3** と図 **2.4** に示して本節を終える．詳細は文献[2-5], [2-6] を参照されたい．

2.2 ディジタル通信技術の成熟

ディジタル通信の基本理論は 1948 年に出版された C.E. シャノン (Shannon) の長大な論文[2-7] に始まる．シャノンは，電子交換機や電子計算機のスイッチング回路設計にブール代数が基本的な役割を果たすことに学生時代に気づき，MIT の修士論文でこれを発表した．1948 年の論文では，有限のアルファベットの文字から構成される系列の担うエントロピーを定義した．また，系列を 0,

1の2元符号で表すとき，その平均長はそのエントロピーの値にいくらでも近く圧縮できるが，エントロピーレート以下に圧縮すると元に正しく戻すことは不可能になることを示した．また，電話回線のような通信路には通信容量が定義でき，0，1の2元信号を送るとき，伝送速度が通信容量以下であれば，適当な**誤り訂正符号**を設計して，誤り率をいくらでも改善できることを示した．このことを通信路符号化定理と呼ぶ[2-8]．ディジタル伝送が始まった1980年前後，電話回線を通してディジタル信号を送るとき，1秒間にわずか1600ビットしか送れなかったが，1985年前後には9600bps，そして，テレビ会議用のディジタル通信では48Kbpsであったが，21世紀に入ってADSLが始まると，数Mbpsになった．2005年には，同じ電話回路でありながら，電話回線の状況の良いときには15Mbpsのディジタル伝送が可能になっている．これは，VLSI技術の発達により，誤り訂正符号の複雑な復号化アルゴリズムの実装が容易になり，シャノンの符号化定理の示唆する通信容量の近くまで，ディジタル伝送速度を上げられるようになったお陰でもある．

シャノンの論文[2-7]が発表されたのは1948年であったが，その年には，イギリスのマンチェスター大学で開発され，MARK1と名づけた**プログラム内蔵方式**（ノイマン方式ともいう）のディジタル式電子計算機（当時はアナログ計算機と呼ぶ計算機もあったので，こう呼んだ．現在では，コンピュータといえばすべてディジタル電子計算機であるが）が世界で初めて，プログラムを走らせ，指示どおりの計算を行った．シャノンが符号化定理を示す以前では，誤りやすい通信媒体を通した通信では，誤り率を改善し，通信の高信頼性を得るためには，通信速度を落とさねばならないと思われていた．シャノンの情報理論はこの常識を打ち破ったのである．シャノンは図 **2.5** に示すようなディジタル通信方式を想定し，送信側と受信側で符号器と復号器をそれぞれ工夫することにより，チャンネル（通信路）の雑音特性が特別に変わらない限り（そこで通信路容量が決まる），通信速度を変えずに誤り率をいくらでも改善し得ることを示した．いまでは，符号器や復号器は1チップVLSIで構成できるようになったので，通信速度は著しく改善できることとなったのである．このことから，シャノ

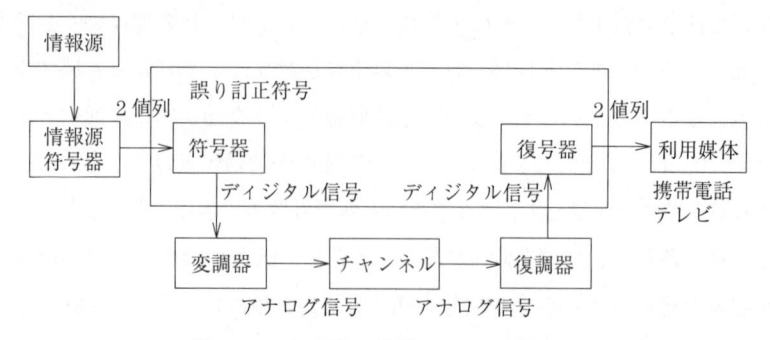

38   2. 人間とコンピュータとの共生：コミュニケーション

```
                    誤り訂正符号
       ┌─────────────────────────────────┐
  情報源 │                                 │
   ↓   │ 2値列           2値列            ↓
 情報源 →  符号器              復号器 → 利用媒体
 符号器    ↓                    ↑       携帯電話
         ディジタル信号  ディジタル信号    テレビ
         ↓                    ↑
        変調器 → チャンネル → 復調器
         アナログ信号    アナログ信号
```

図 2.5　ディジタル通信システムの概念図

ンは IT 革命（情報通信革命）の父といわれるが，くしくも，計算（コンピュータ）とディジタル通信の幕が開いたのが同じ 1948 年であったことは，記憶にとどめておきたい。

　21 世紀に入り，ディジタル通信の普及はめざましいものがあるが，通信技術の研究開発は飽和に向かっており，現在はさまざまな方向に応用が広がる時代を迎えている。近距離通信の代表的な通信方式である LAN（local area network）がそうである。ロボットに応用して効果があると思えるのは，LAN の一つであるいわゆる **Bluetooth**†ディジタル通信方式であろう。

　無線 LAN の種々の中で，ロボット制御やロボット単体内の通信（データ伝送）に使いやすい方式は "Bluetooth" であろう。Bluetooth は，スペクトル拡散通信技術を採用した近距離用のディジタル通信方式である。携帯電話機の大手メーカーであるスウェーデンのエリクソン社を中心に，日本や欧米諸国の主力メーカーが協力して技術仕様の規格化を図った。現在では，パソコン本体と周辺端末との間の無線によるデータ伝送に応用され，これら機器接続にケーブルを使用する必要はなくなりつつある（ケーブルレス化）。また，携帯電話とノートパソコン，あるいは MP3 プレーヤやヘッドセット，POS 端末，テレビ受像機等々の相互間の無線データ伝送に利用されている。Bluetooth はスペク

---

† 　Bluetooth は，940 年から 981 年に活躍したデンマーク王の名前である。バイキング全盛の時代に，デンマークとノルウェーを無血統合したと伝えられている。本来は，偉大な黒い肌の男という意味をもつという。Bluetooth 王は近隣諸国に情報網を張り巡らせ，いち早く情報を知ることで無血統合を果たしたという。

トル拡散技術と誤り訂正処理に基づくパケット通信方式を採用している。通信系の概要は図 2.6 のように表される。この中で，誤り訂正符号としては符号化率 2/3 のハミング符号（15 ビットのブロックのうち，10 ビットが情報，4 ビットが誤り訂正，1 ビットが誤り検出），スペクトル拡散には周波数ホッピング方式を利用している。これらディジタル通信の詳細技術については，ここでは述べないが（すぐれた専門書として，2–9) を推奨する），すでに各種の Bluetooth モジュールは 1 チップ LSI が開発され，購入可能になっている。しかしながら，パーソナルロボットの各関節部への制御司令を管轄するマイコンや，各部に配置したセンサ等の間の通信とデータ伝送を Bluetooth 方式で組み込んだ実例はまだ発表されておらず，手探りの状況で開発が進められている状況である。

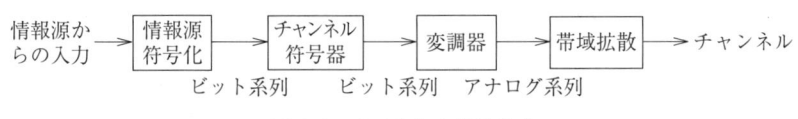

情報源からの入力 → 情報源符号化 → チャンネル符号器 → 変調器 → 帯域拡散 → チャンネル

　　　　　　　　　ビット系列　　ビット系列　アナログ系列

図 2.6　スペクトル拡散方式

2.3　人間と機械との対話（チューリングテスト）

人間と機械，機械と機械，の間のコミュニケーションを科学技術の一大分野として創始したのは，ウィナーとシャノンであったが，もう一人の天才，A. チューリングも創始者の一人に加えたい。2.7 節で述べるように，彼はチューリング機械の発明者であるが，そしてこのことから，コンピュータに機能するアルゴリズムの基礎理論をつくった人であるが，他方，人工知能の父であるともいわれる。1950 年の論文[2-10]において，A. チューリングは，機械が人間にどこまで近づき得るかという課題に関連して，**チューリングテスト**と呼ばれるつぎのような問題を提起した。「壁を隔てて，姿や形が見えない人と機械（コンピュータ）が対話しているとして，どちらが機械でどちらが人か気づかないほど対話がスムースにいくか」。じつは，このチューリングテストには賞金を出す人が出て，1990 年に第 1 回のレブナー賞（Loebner Prize）の大会が米国で開かれた。そ

れは，人工知能による対話ソフトを集めて審判員を務める人と対話させて，人間らしさを競うコンテストである。「人間と同じ反応をすれば10万ドルの賞金と金メダルを与える」とされているが，2004年までの大会に至ってもまだ金メダルを得たソフトは現れていない。昨年は"アリス"と名づけた対話ソフトが人間に一番近かったと判定され，銅メダルが授与されるにとどまった。

人間と機械（コンピュータ）との対話は，当然のことながら，命題論理が基本になる。当然のことであるが，機械と機械の対話も命題論理を使う，あるいは，数量が取り扱えるようにした一階述語論理を使う。人工知能では，1970年代に**エキスパートシステム**が開発された。そのために，人間のエキスパートがもつ知識や"know-how"を言葉で取り込むために"if …, then …"という文章構造を用いることが提案され，これらの文の集まりを**ルールベース**，あるいは**知識ベース**と呼んだ。1980年前後，エキスパートシステムの開発は活発になり，これを専門につくるベンチャービジネスが登場したが，期待されたほどの成果はおさめなかった。それでも，現在のパーソナルコンピュータの基本ソフトウェアの中にエキスパートシステムは生かされている。例えば，ヘルプ機能はまさしくエキスパートシステムでつくられており，また，人間ドックや健康診断のデータは医者に代替してコンピュータにより解析され，診断結果は文章化されてプリントされ，被験者に渡されている。例えば，血糖値がある値以上になると糖尿病の疑いが出てくるが，それは高脂血症にも関係し，尿酸値や他の指標と組み合わせて，「糖尿病の疑いがあり，精密健診を要する」等々と適切な診断を文章化して出力する。これは機械（コンピュータ）が診断結果を告げる一方通行的なソフトウェアであるが，さらに，人間が診断結果を見て対話をしかけ，適切に答えてくれるようになると，医者や看護士の代役をつとめるエキスパートシステムへと発展させることもできよう。

現時点では，**対話ソフトウェア**の開発は未成熟であり，定まったテーマの範囲（例えば，京都市の観光案内とか，デパートの店内案内，もっと狭くなぞなぞ遊びやしり取り遊びのように話題を限定する範囲）内でつくられている。しかし，それ以上の技術的なネックは音声認識にある。集音マイクから離れたり，

周囲の雑音があったり，音響反射があるときなど，認識率が下がり，これが原因で対話が物理的に進まなくなるのが問題となっている．しかしながら，産業用ロボット以外でコマーシャルベースに乗って製造され，販売に乗っているロボットのほとんどは，現在（2006年）でも，移動とコミュニケーション機能を備えたいわゆるコミュニケーションロボットである．対話能力は未成熟であるが，大容量の記憶装置を装備しているので，知識ベースはつねに更新でき，こうしてデパートやスーパーマーケットの毎日の案内役を務めることができるのである．

2.4 命題論理

命題論理は，命題の一つ一つを記号 P, Q, $\cdots$ 等で表し，それらの間に論理演算を成立させるものである．それは，0と1の値をとる変数 x, y, $\cdots$ の間に "AND" と "OR" と "NOT"（否定，Negation という）を演算させるブール代数と同じ演算則をもたせる．2変数 x, y のブール関数は16種類あり，それらの全部は**表 2.1** のようにまとめられる．同様に二つの命題 P, Q の間に組み合わせられる演算は全部で16個あり，表と同等である．

表 2.1 二つの変数 x, y に関するブール関数

	$f(x,y)$
Constant, Single Variable	0, 1, x, y, $\bar{x}$, $\bar{y}$
OR, AND	$x \vee y$, $x \wedge y$, $\bar{x} \vee \bar{y}$, $\bar{x} \wedge \bar{y}$
If $\cdots$, then $\cdots$	$\bar{x} \vee y\ (x \rightarrow y)$, $x \vee \bar{y}\ (y \rightarrow x)$
NAND	$\bar{x} \wedge y$, $x \wedge \bar{y}$
Exclusive Or	$(x \wedge \bar{y}) \vee (\bar{x} \wedge y)$, $(x \wedge y) \vee (\bar{x} \wedge \bar{y})$

命題 P が成立すれば Q であることは，英語では "If P then Q" であるが，このことを $P \rightarrow Q$ と書く．例えば，P は「彼はロボティクス学科の学生である」と表すとし，Q は「彼はロボットを造るのが上手い」を表す命題としよう．論理演算 $P \rightarrow Q$ は**含意**（inclusion）ともいい，演算 $\bar{P} \vee Q$ と一致させる．ブー

ル関数 $\bar{x} \vee y$ と $P \to Q\ (= \bar{P} \vee Q)$ の関係は表 **2.2** の真理値表を見れば一目瞭然であろう．命題論理ではなにも述べていない命題（無命題）か，つねに真である命題（恒真式）を Ω で表し，その真理値は T（Truth，真）であるとし，つねに偽である命題を ϕ で表す（あるいは，そのまったく反対でもよい）．命題 $P \to Q$ について，もし P が成立しないなら，$P \to Q$ の前提である "If P" が成立しないので，これは Q がどうあろうと無命題であると考え，$P \to Q$ の真理値表の値は "T" にする．P が成立したにもかかわらず，Q が成り立たないとき，$P \to Q$ が真であることに反するので，$P \to Q$ の真理値表の値は F となる．つまり，$P = $ T かつ $Q = $ F のときのみ $(P \to Q) = $ F となるのである．

表 **2.2** ブール関数 $\bar{x} \vee y$ と $P \to Q$ $(= \bar{P} \vee Q)$ の関係を表す真理値表

		$P \to Q$			$x \to y$
P	Q	$\bar{P} \vee Q$	x	y	$\bar{x} \vee y$
F	F	T	0	0	1
F	T	T	0	1	1
T	F	F	1	0	0
T	T	T	1	1	1

ブール代数ではよく知られているように，NAND 演算を行う基本回路のことをユニバーサル演算素子という．あるいは NAND は万能であるという．その理由は，NAND 回路だけで表 2.1 の 16 個の関数がすべてつくれるからである．例えば，$f(x,y) = 0$ という関数は NAND 回路 $\bar{x} \wedge y$ の入力 x, y の一つを $y = 0$ とすれば出力はつねに 0 になる．否定演算 $f(x,y) = \bar{x}$ は $\bar{x} \wedge y$ の入力の一つ y を $y = 1$ とすればよい．$f(x,y) = y$ や $f(x,y) = x$ も同様につくれる．このことから，$x \wedge \bar{y}$ の否定 $\bar{x} \vee y$ も NAND 回路でつくれるし，$\bar{x} \wedge y$ の否定もつくれる．以上のことから，NAND の否定である含意 $P \to Q$ は否定の論理演算と組み合わせると，命題論理の中でユニバーサルになる，すなわち，"if P then Q" と "not" の二つで，すべての命題が表現可能になることがわかる．

日本人が英語を使うとき，"Not" と "Yes" が逆転して誤解を与えることがあるといわれる．誤解を与えることを恐れて，明確に "Yes" か "No" をいわずに，

あいまいな態度で相手にわかってもらいたいと，自分の判断を放棄し，相手に委ねたような印象を与える。機械（コンピュータ）と人間との対話では，あいまいさは受けつけようがない。機械と人間は論理的思考を通じて，コミュニケートするしかない。日本人と外国人の間のコミュニケーションも，当然，命題論理にのっとった文を交わして行うことによって，初めて真摯な交流が始まる。

日本語では，"否定"と"対偶"の違いが明確にしにくいこともある。つぎの例は，そのことをよく表している。お茶の水女子大学の数学者である藤原正彦氏が朝日新聞に書かれた時評の一部を長くはなるが引用したい。

"他人の迷惑になることはしてはいけない"というのが，最近の若者にとってほとんど唯一の道徳基準のようだ。家庭で親が，学校で先生が，くり返しそう教えているのだろう。この標語自身は結構だが，結構でないのは，若者の多くがそれを拡大解釈し，"他人の迷惑にならないことは何をしてもよい"と思っていることである。これが正しければ，電車内で化粧することも，授業中にガムをかんだり携帯でメールを送ったりするのも許されることになる。援助交際などは両者が納得のうえで秘密に行っている限り，まったく誰の迷惑にもならないから，文句なしに肯定されることになる。先の二つは同義ではないのである。論理的に言うと「AならばB」が正しくとも，"AでなければBでない"は必ずしも正しくないということである。"チューリップは美しい"は正しいが，"チューリップでなければ美しくない"は誤りである。野に咲くスミレや一面の菜の花も美しい。"雪は白い"は正しいが，"雪でなければ白くない"は誤りである。ご飯は白いし不勉強な学生の答案も白い。

含意を表す $P \to Q$ に対して，$\bar{Q} \to \bar{P}$ を "$P \to Q$" の**対偶**という。$P \to Q$ が真であれば，その対偶 $\bar{Q} \to \bar{P}$ も真である。上の例では，P が "それが他人の迷惑になる"を表し，Q が "それはしてはならない"を表すとすれば，$P \to Q$ は "それが他人の迷惑になるならば，それはしてはならない"を表す。これが真であれば，その対偶 $\bar{Q} \to \bar{P}$ は真である。すなわち，"していい行為（それ）は，他人に迷惑をかけない行為である"，が真なのである。けっして，$P \to Q$

が真であっても $\bar{P} \to \bar{Q}$ が真とは限らないのである。

忘れてはならないのは，$P \to Q$ が偽りであるとき，その対偶 $\bar{Q} \to \bar{P}$ も偽りであることである。なぜなら，含意 $P \to Q$ は $\bar{P} \vee Q$ を表すから（真理値表が同じである），$\bar{Q} \to \bar{P}$ は $Q \vee \bar{P}$ と同じであり，命題論理の公理（表 2.3）から $Q \vee \bar{P} = \bar{P} \vee Q$ でなければならないからである。つまり，含意 $P \to Q$ とその対偶 $\bar{Q} \to \bar{P}$ は真理値をまったく同じくし，まったく同等の論理を表した命題となる。

表 2.3 ブール代数の公理

名　称	公理系
可換法則	$x \vee y = y \vee x,\ x \wedge y = y \wedge x$
結合法則	$x \vee (y \vee z) = (x \vee y) \vee z$
吸収法則	$x \vee (y \wedge x) = (x \vee y) \wedge x = x$
分配法則	$(x \vee y) \wedge (x \vee z) = x \vee (y \wedge z),$ $(x \wedge y) \vee (x \wedge z) = x \wedge (y \vee z)$
最小元と最大元，および相補則	最小元 0 と最大元 1 とが存在し，任意の元 x に対してある元 $\bar{x}$ が一意に存在し，$x \vee \bar{x} = 1,\ x \wedge \bar{x} = 0$ が成立する（相補則）。

英語では対話の中で対偶を取るのは比較的に簡単である。例えば，"夕焼けになると翌朝は晴れる" の対偶は，"朝方晴れていないならば，昨日，夕焼けはなかった" になる。このように，前と後を引っくり返して文章を作り替えねばならないが，英語では "if we saw a red sunset yesterday then the sky is clear in the morning" と表せようが，この前提文（条件文ともいう）を否定し，実行文も否定し，始めの if を取り，then を if や provided に代える。すなわち，"We did not see a red sunset yesterday, if the sky is not clear in the morning" とすればよい。あるいは，後半の if … の文を "unless the sky is clear in the morning" としてもよい。つまり，英語では文章構造はそのままに，接続詞を差し替えることで容易に対偶文が作れる。

二つの命題 $P,\ Q$ が同じになるとき，$P = Q$ と表す。ド・モルガンの法則は $\overline{x \vee y} = \bar{x} \wedge \bar{y}$ や $\overline{x \wedge y} = \bar{x} \vee \bar{y}$ をいうが，命題論理についても同様に成立する。したがって，$P \to Q = \bar{P} \vee Q$ であるので，$P \to Q$ の否定は $\overline{\bar{P} \vee Q}$ と

なるが、これは $P \wedge \bar{Q}$ に一致する。つまり、$\overline{(P \to Q)} = P \wedge \bar{Q}$ である。Q が "それはしてはならない" を表し、P が "それは他人に迷惑をかける" を表すならば、$P \wedge \bar{Q}$ は "それは他人に迷惑になるが、それはしてもいい行為" ということになる。ド・モルガンの定理を使うとき、日本人の英語で間違いやすいのは、否定の意味をもつ接続詞を使うときである。例えば "お金も力もない優男" というとき "A beau without money <u>and</u> strength" ではなく、"A beau without money <u>or</u> strength" でないといけない。また、"雨や雪が降らなければ行こう" は "We shall go unless it rains <u>and</u> snows" ではなく、"We shall go unless it rains <u>or</u> snows" であることに注意したい。日本語では、"や"、"が"、"または"、"あるいは"、"も"、"と"、"および"、"そして" 等の使い方があいまいになり、それが英語でメールするときにもあいまいな使い方になる。これではコンピュータが理解に苦しむことになる。しつこいかもしれないが、もう一例を挙げておく。社会的問題になっている "ニート" という言葉は "NEET" の日本語読みであるが、これは "Not in Employment, Education <u>or</u> Training" の略記である。この中の接続詞は or でなければならないことは、読者は確信をもって理解されたであろう。

2.5 機械ができる思考：論証と推論

人間は考える葦である、といったのはパスカルであった。機械（コンピュータ）は考えることができるであろうか。このことを厳密に議論するのはやさしくはない。しかし、考える力の一つである**論証**は、むしろコンピュータが得意である。コンピュータはどのように論証するか。論証の基本となる**三段論法**を取り上げてみよう。これは、$P \to Q$ と $Q \to R$ がともに成立すれば、$P \to R$ であることを主張する。これを論理式で表すと

$$(P \to Q) \wedge (Q \to R) \to (P \to R) \tag{2.1}$$

となる。そこで、P, Q, R に真か偽の T か F を割当て、$P \to Q$, $Q \to R$,

$P \to R$ の真理値表をつくり,そこから式 (2.1) の真理値表をつくると,各 P, Q, R の T,F の組合せのいかんにかかわらず,式 (2.1) の真理値はすべて T になる(表 **2.4**)。このとき,式 (2.1) は**恒真式**であるという(トートロジ(tautology)ともいう)。いい換えると,三段論法そのものは,間違いを起こさない論証の方法として万人が共通に使えることを意味する。それは当然,人間と機械の間のコミュニケートするときにも,使ってよい。

三段論法が恒真であることは,別の方法でも証明できる。

表 **2.4** 三段論法の真理値表

P	Q	R	$P \to Q$	$Q \to R$	$P \to R$	$\{(P \to Q) \land (Q \to R)\} \to (P \to R)$
T	T	T	T	T	T	T
T	T	F	T	F	F	T
T	F	T	F	T	T	T
T	F	F	F	T	F	T
F	T	T	T	T	T	T
F	T	F	T	F	T	T
F	F	T	T	T	T	T
F	F	F	T	T	T	T

そのために,まず**吸収律**と呼ばれる等式

$$(Q \land \bar{R}) \lor R = R \lor Q \tag{2.2}$$

が成立することを示しておく。これを証明するために,右辺の $R \lor Q$ の否定 $\bar{R} \land \bar{Q}$ を取り,これを左辺の論理式と OR 演算させた式

$$\{(Q \land \bar{R}) \lor R\} \lor (\bar{R} \land \bar{Q}) \tag{2.3}$$

が恒真式であることを示してもよい。そこで,式 (2.3) は表 2.3 の公理を適用してつぎのように変形できることに気がつく。

$$\{(Q \land \bar{R})\} \lor R\} \lor (\bar{R} \land \bar{Q}) = (Q \land \bar{R}) \lor R \lor (\bar{R} \land \bar{Q})$$
$$= \{(\bar{R} \land Q) \lor (\bar{R} \land \bar{Q}\} \lor R$$
$$= \{\bar{R} \land (Q \lor \bar{Q})\} \lor R$$

$$= \{\bar{R} \wedge \mathrm{T}\} \vee R = \bar{R} \vee R = \mathrm{T}$$

つまり，式 (2.3) は恒真式であることが示された．なお，上の式の変形では第一と第二の等式では結合法則（表 2.3）を適用し，第三では分配法則を適用し，第四と第六では相補則，$Q \vee \bar{Q} = \mathrm{T}$，$\bar{R} \vee R = \mathrm{T}$ を適用した．第五の等式では $\bar{R} \wedge \mathrm{T} = \bar{R}$ を用いたが，この等式が成立することはほぼ自明であろう（真理値を取れば一目瞭然）．なお，$Q \vee \bar{Q}$ も恒真式である．賢明なる読者は，もはや，このような式変形はコンピュータにやらせることができることに気がつかれていよう．確認のために，吸収律の真理値を**表 2.5** にまとめておこう．式 (2.2) の左辺の真理値と右辺の真理値が変数 R, Q の T, F のすべての組合せに対して一致していることがわかる．

表 2.5　吸収律の真理値表

R	Q	$(Q \wedge \bar{R}) \vee R$	$R \vee Q$
T	T	T	T
T	F	T	T
F	T	T	T
F	F	F	F

さて，三段論法の証明に戻って，それが恒真式になることはつぎの手続きをふんで示せる．

$$\begin{aligned}
\{(P \to Q) \wedge (Q \to R)\} \to (P \to R) &= \overline{(\bar{P} \vee Q) \wedge (\bar{Q} \vee R)} \vee (\bar{P} \vee R) \\
&= \overline{(\bar{P} \vee Q)} \vee \overline{(\bar{Q} \vee R)} \vee \bar{P} \vee R \\
&= (P \wedge \bar{Q}) \vee (Q \wedge \bar{R}) \vee \bar{P} \vee R \\
&= \{(P \wedge \bar{Q}) \vee \bar{P}\} \vee \{(Q \wedge \bar{R}) \vee R\} \\
&= (\bar{Q} \vee \bar{P}) \vee (Q \vee R) \\
&= (\bar{Q} \vee Q) \vee \bar{P} \vee R = \mathrm{T} \vee \bar{P} \vee R = \mathrm{T}
\end{aligned}$$

最初の等式は含意 $P \to Q$ の定義 $\bar{P} \vee Q$ を適用し，すべての含意をブール関数で置き換え，第二と第三の等式ではド・モルガンの法則を適用し，第四の等

式では結合法則，第五の等式では吸収律を用いた。第六式では結合法則を用い，最後は自明な定理 $T \vee P = T$ を用いた。

命題の一つ一つ P, Q 等を変数と考え，これら n 個の命題変数からなる命題論理式の真理値表は 2^n 通りの T, F の組合せで与えられる。真理値表をチェックすることによって，与えられた命題論理式の恒真性を証明することができるが，n が大きくなると，それは膨大になる。そこで，命題論理の公理と適当な推論規則（式の変形のための公理）を適用させて命題論理式を変形し，その恒真性を証明することができるが，そのプロセスは無論コンピュータが実行可能であるように手続き（プログラム）しておかねばならない。この意味でコンピュータは論証できるし，推論することができる。

2.6 エキスパートシステムと一階述語論理

人工知能の歴史はチューリングの論文にまでさかのぼることができる[2-10]。1950 年代から 1960 年代にかけては，ゲームやユークリッド幾何学の基本定理の証明などをコンピュータでさせる問題が精力的に研究された。この方法論は一般問題解決器（GPS, general problem solver）と呼ぶプログラム開発の体系化を促した。他方，文字認識や音声合成，単語認識の研究は 1960 年代に始まり，1970 年代になると最も盛んになり，エレクトロニクス商品，製品の開発に大きく貢献した。しかし，人工知能の研究の歴史を通じて最も夢が語られ，期待されたのはエキスパートシステムの研究を中心にした 1970 年代の後半から 1985 年ごろであろう。そのきっかけはルール（基本的に If P then Q の形式を使う）によって知識を表現するプロダクションシステムの提案にある。そして，人工知能のこのような研究分野を新たに**知識工学**と呼んだりした。

プロダクションシステムは図 **2.7** のように構成されるソフトウェアである。この中でルールベースは If P then Q の形式で記述される知識の集まりであり，これは**知識ベース**とも呼ばれる。ワーキングメモリはシステムの状態を保持する記憶領域である。ルール形式で書かれたデータはワーキングメモリにいった

2.6 エキスパートシステムと一階述語論理   49

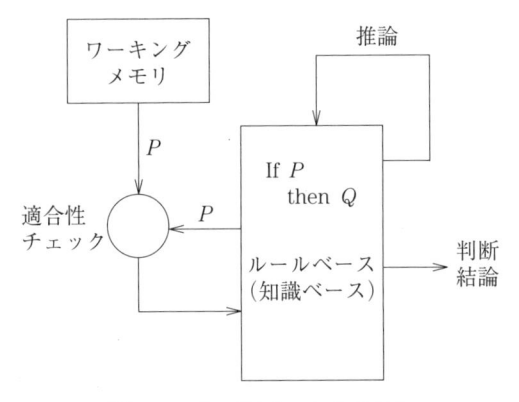

図 2.7 プロダクションシステム

ん入れられる。メモリの内容は呼び出され，ルールの条件部（If の後の文節）と一致するルールをルールベースの中から選択して（複数個あれば，ある約束を決めておいて一つのルールを選ぶ），実行部を動作させ，ワーキングメモリを書き換え，このプロセスを繰り返してゴールを生成させ（判断，結論），あるいは検証する。ルール形式の条件部は属性や，コンテクスト名，述語関数，メモリ要素名，等の AND または OR の関係で結合した複数の条件節で表すことができる。ルールには自然数や実数に値をもつ変数 x を使うこともできる。

プロダクションシステムに基づくエキスパートシステムとして最も早い時期（1970 年初頭）にスタンフォード大学で開発された "MYCIN" は，感染症の診断と治療法を選択する医療診断を目的とした。いまでは，人間ドックの健康診断にエキスパートシステムが用いられており，心電図，血圧，血液検査や尿検査でチェックされたさまざまな項目に関する数値やデータ，グラフ等をコンピュータが読み込むと，エキスパートの医者に代わって知識ベースが適切な判断を下し，診断結果を文章やグレード（例えば A，B，C 等の記号が使われ，D になると経過観察，E は精密検査を要する，等々と使われる）で記述してプリント出力したシートが被験者に渡される。

プロダクションシステムで用いられる推論は，変数 x を含むことができるように拡張した命題論理である一階述語論理に則して行われる。いま，変数 x は

ある集合の要素を表すとするが，あらかじめその集合の範囲は定められているとする．例えば，人の集合 X を考え，その X の中の要素 x について，$N(x)$ は "x はノーベル物理学賞を受賞した" を表すとしよう．また，$S(x)$ は "x は，子供のころ，理科が得意だった"，$M(x)$ は "x は，子供のころ，算数が得意だった" を表すとする．そこで，命題論理式（述語記号という）

$$\forall x(N(x) \to S(x) \vee M(x)) \tag{2.4}$$

は，"ノーベル物理学賞を受賞した人はだれでも，子供のころ，理科か算数か少なくともどちらかは得意であった" を表すとする．ここに記号 A を引っくり返した記号 "∀" を**全称作用素**といい，"すべての"，"任意の"，"いずれも" という意味をもたらせる．これに対して，記号 "∃" は**存在作用素**といい，"ある（存在する）" を表すとする．例えば，$\exists x(\overline{M(x)})$ は "子供のころ，算数が得意でなかった人が存在する" を表す．

さて，述語記号で書いた式 (2.4) の対偶は論理式ではどのように表せばよいのだろうか．式 (2.4) の文意について，日本語をきちんと話せる人なら当然であろうが，"子供のころ，理科も算数も得意でなかった人はすべてノーベル物理学賞はとれなかった" ということになる．これを式で書くと

$$\forall x \left(\overline{S(x)} \wedge \overline{M(x)} \to \overline{N(x)} \right) \tag{2.5}$$

となる．$\forall x(P(x) \to Q(x))$ の対偶は $\forall x(\overline{Q(x)} \to \overline{P(x)})$ とすればよい．それでは，論理式 (2.4) の否定はどう表すか．文章で書けば，"ノーベル物理学賞を取った人の中に，子供のころ，理科も算数も得意でなかった人がいる"，となろう．じつは，大学生で，この程度の文章でも，その否定をきちんと文章で表せない人があり，対偶になると，きちんと日本語になった文章で書ける人の割合のほうが少ないかもしれない．しかし，論理式 (2.4) の否定は簡単に

$$\exists x \left(\overline{N(x) \to S(x) \vee M(x)} \right) = \exists x \left(\overline{\overline{N(x)} \vee S(x) \vee M(x)} \right)$$
$$= \exists x \left(N(x) \wedge \overline{S(x)} \wedge \overline{M(x)} \right)$$

となる。なお，否定の文意ではある人が1人でも存在すればいいので，それは変数と考えにくくなる。x を用いずに，特定の人 "a" が存在するということで

$$\exists a \left(N(a) \wedge \overline{S(a)} \wedge \overline{M(a)} \right)$$

と表すほうがわかりやすいかもしれない。論理式 $\forall x(P(x) \rightarrow Q(x))$ の否定は $\exists a(P(a) \wedge \overline{Q(a)})$ となる。あるいは $\forall x(P(x))$ の否定は $\exists a(\overline{P(a)})$ となり，$\exists a(\overline{P(a)})$ の否定は $\forall x(P(x))$ となる。

最後に，最初に例をとった他人に迷惑をかける行為の論理式とその文意を明確にしておこう。ここでは，電車の中でやる行為の全部を想定して，その集合をXで表す。そこで，$P(x)$ はXに属する "行為 x は他人に迷惑をかける" を表し，$Q(x)$ は "行為 x はしてはいけない" を表すとしよう。そのとき，論理式 $\forall x(P(x) \rightarrow Q(x))$ は "他人に迷惑をかける行為は，すべて，してはならない" を表す。その対偶 $\forall x(\overline{Q(x)} \rightarrow \overline{P(x)})$ は "どんな行為でもしていいなら，それは少なくとも他人に迷惑をかけない行為である" を表す。$\forall x(P(x) \rightarrow Q(x))$ の否定は $\exists a(P(a) \wedge \overline{Q(a)})$ であって，その文意は "他人に迷惑をかけても，していい行為 a がある" を表す。$\forall x(\overline{P(x)} \rightarrow \overline{Q(x)})$ はけっして $\forall x(P(x) \rightarrow Q(x))$ の対偶になっていないことに再度，注意しておく。

変数の集合は一種類ではなくて，いくつかあっていい（しかし，有限個とする）。また，変数として自然数や整数，有理数，そして虚数や複素数を使っていいが，その際には数の演算に関する公理（演算則）を定めておく必要がある。そうすれば，一階述語論理についても命題論理の場合と同様にして，コンピュータに論証させたり，推論させたりすることができる。当然のことだが，未来のヒューマノイドロボットには，このような論証や推論の機能をもたせ，身体運動の統御メカニズムを階層的に組み込んだエキスパートシステムが頭脳の役割を果たすことになろう。

なお，2.4節～2.6節の議論をもっと深く掘り下げて理解したい読者には，入門書として 2–11) が，専門書としては 2–12), 2–13) が参考になろう。

2.7 チューリング機械とアルゴリズム：ロボットは，結局は，なにができるか

ロボットができることは，究極的にはコンピュータプログラムができることと同等である。コンピュータでプログラムできることは，結局は，算法なのであるが，この議論を持ち出すためには，**チューリング機械**あるいは**チューリング計算機**に言及せざるを得ない。

チューリング機械はいまだかつてハードウェアとして作られたことはないから，だれも見たことはないが，いまのパーソナルコンピュータの能力はチューリング計算機にほぼ近い。チューリング機械は無限の記憶容量をもつが，単純な論理操作を繰返し行う思考実験の道具としてのコンピュータと思えばいい。

チューリング機械は図 **2.8** に示すように，左右に無限に長く伸びたテープと，テープ上に記憶された記号を読み取り，そして記号を書き込む両用のヘッドをもち，ある約束に従ってこれらの記号を処理しつつテープ操作（ヘッドを1単位ずつ左か右に移動させる）を行う論理機構からなる。例えば，図2.8において，ヘッドがテープの図示した位置にあったとしよう。論理機構は有限個の状態（これらを内部アルファベットと呼ぶ。記号 $q_1, q_2, \cdots, q_n$ で表す）をもち，ヘッドから読み取った記号（この場合，＊を読み取る）とその状態（この場合，

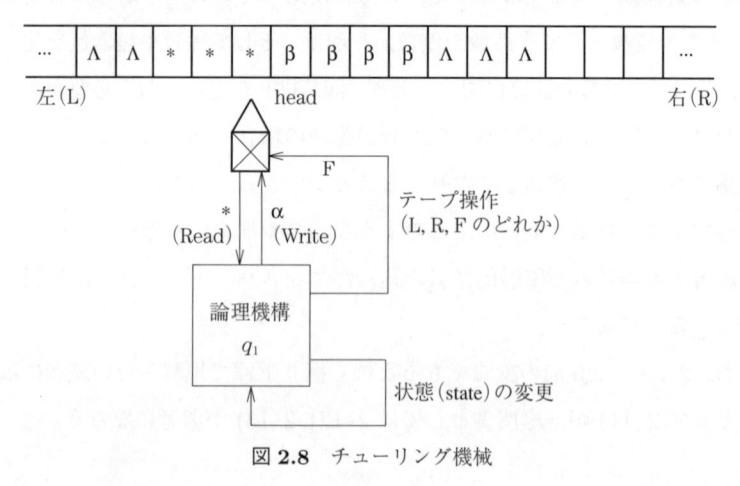

図 **2.8** チューリング機械

2.7 チューリング機械とアルゴリズム：ロボットは，結局は，なにができるか

q_1 とする）の組合せから，**表 2.6** の**機能表**の三つ組 $\alpha F q_2$（*の行と q_1 の列が交差した場所にある三つの記号の組）を出力し，それぞれの機能を実行する。三つ組 $\alpha F q_2$ の左端の α はいまのヘッド位置でテープ上に書き込む記号，つぎの F はテープ操作を表し，この場合，ヘッドは固定して移動させない記号 F（Fix）を表す。三番目の記号 q_2 は論理機構のつぎの状態を q_2 とすることを表す。

表 2.6 ユークリッド互除法を実行する機能表（ユークリッドの算法）[2-14]

	q_1	q_2	q_3	q_4
Λ	$\Lambda R q_4$	$\Lambda L q_3$	$\Lambda R q_1$	!
*	$\alpha F q_2$	$\beta F q_1$	$* R q_1$	$* L q_1$
α	$\alpha L q_1$	$\alpha R q_2$	$* L q_3$	$\Lambda R q_4$
β	$\beta L q_1$	$\beta R q_2$	$\Lambda L q_3$	$* R q_4$

話を具体的にするために，二つの整数が与えられたとき，その最大公約数を求めることを考えよう。これには，ユークリッド互除法という方法が知られている。その方法はつぎのようになる。二つの数を比較して，大きいほうの数を小さいほうの数で割り算する。すぐに割り切れれば，その小さい数が最大公約数である。割り切れないと余りが出る。その余りで小さい数を割り算し，それで割り切れれば，その余りが最大公約数。割り切れなければ，また同じように，余りを出してこの計算を繰り返す。

機能表（表 2.6）に従って 4 と 6 の最大公約数をチューリング機械に求めさせてみたとき，その作業の途中で変動するテープ上のシンボル列は**図 2.9** のようになる。じつは，表 2.6 はこのユークリッドの互除法を行うための算法に相当するのである。なお，機能表の記号 Λ はなにも書いてない "空" を表すとする。図 2.9 のステップ (1) はスタート時の配置図を示すが，記号 * の下に q_1 がついている場所がヘッドの位置を示し，記号 q_1 がその時点の内部状態を表す。ヘッドの位置（q_1 のある場所）を含めて左にある * の数 "4" と右にある * の数 "6" の最大公約数を最後に示して（* を二つテープ上に書き残して），計算を終了させたい。ステップ (1) では，状態 q_1 で * を読み取り，表 2.6 の機能表で行が *，列が q_1 である欄の三つ組をとると $\alpha F q_2$ であるから，α を書き込み，

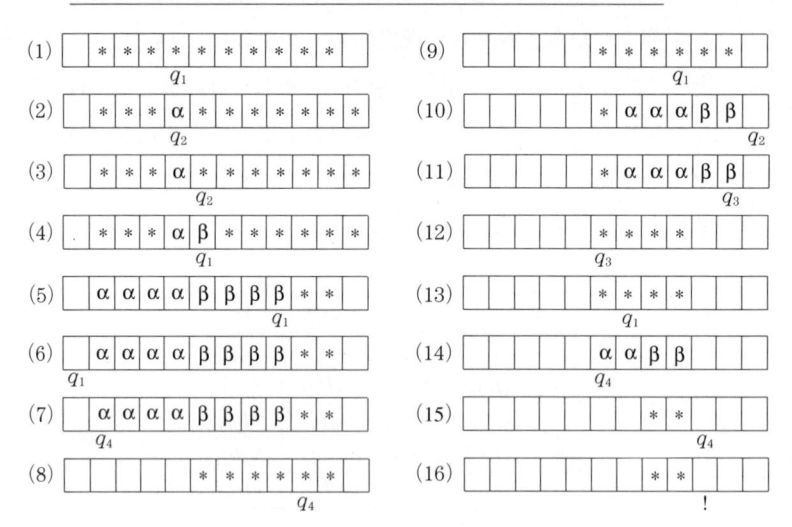

54   2. 人間とコンピュータとの共生：コミュニケーション

(1) | | * | * | * | * | * | * | * | * | * | * |
     　　　　q_1

(2) | | * | * | * | α | * | * | * | * | * | * |
     　　　　　　q_2

(3) | | * | * | * | α | * | * | * | * | * | * |
     　　　　　　q_2

(4) | | * | * | * | α | β | * | * | * | * | * |
     　　　　　q_1

(5) | α | α | α | α | β | β | β | β | * | * |
     　　　　　　　q_1

(6) | α | α | α | α | β | β | β | β | * | * |
     q_1

(7) | α | α | α | α | β | β | β | β | * | * |
     　　q_4

(8) | | | | | * | * | * | * | * | * | |
     　　　　q_4

(9) | | | | | | * | * | * | * | * | * |
     　　　　　　　　q_1

(10) | | | | | * | α | α | α | β | β | |
     　　　　　　　　　　q_2

(11) | | | | | * | α | α | α | β | β | |
     　　　　　　　　　　q_3

(12) | | | | | * | * | * | * | | | |
     　　　　　q_3

(13) | | | | | * | * | * | * | | | |
     　　　　　q_1

(14) | | | | | α | α | β | β | | | |
     　　　　　　q_4

(15) | | | | | | | * | * | | | |
     　　　　　　　　　q_4

(16) | | | | | | | * | * | | | |
     　　　　　　　　　!

図 **2.9** 算法の実行中の配置図の変化

ヘッドは動かさず，状態は q_2 としてステップ (2) に移る．次いで，行が α，列が q_2 の欄は $\alpha R q_2$ なので，ヘッドを右に動かしてステップ (3) に移る．次いで行が $*$，列が q_2 の欄を見ると三つ組 $\beta F q_1$ が見つかり，そこで $*$ を β に変え，状態を q_1 に移し，ステップ (4) を得る．このステップを繰り返すと，ステップ (5) に至る．次いで，行 β，列 q_1 の三つ組 $\beta L q_1$ を得，続いて $\beta L q_1$，$\alpha L q_1$ を機能表に見いだしつつヘッドは左に移動し，ステップ (6) に至る．そこで三つ組 $\Lambda R q_4$ を得て，状態を q_4 とし，ステップ (7) に移る．ステップ (7) では三つ組 $\Lambda R q_4$ を再び見いだして α を Λ に変え（α を消し），続いて α を消し，β を $*$ に変え，ステップ (8) に至る．次いで，$*L q_1$ を見いだし，ステップ (9) に移り，ここからステップ (1) からステップ (4) に移ったときと同じ繰り返しで，ステップ (10) に至る．そして $\Lambda L q_3$ を見いだして (11) に移り，再び $\Lambda L q_3$ を見いだして α を $*$ に変えステップ (12) に至る．後は，同様にたどって，ステップ (15) で行 Λ，列 q_4 の三つ組が！となっていることに注意すれば，こうしてステップ (16) に至る．ここに！は停止記号であり，ここで計算はストップさせ，そのときのテープ上の $**$ の数が 4 と 6 の最大公約数となる．

機能表は，テープ上に書かれたその問題に対するどんな配置図が与えられて

2.7 チューリング機械とアルゴリズム：ロボットは，結局は，なにができるか

も，作業開始から停止状態まできちんとステップを踏んで，目的の解を求めるようつくられていなければならない。このようにつくられた機能表（あるいは，実行手続きといっていい）を**算法**（アルゴリズム）という。ところで，どんな問題に対しても，このような算法（機能表）がつくれるのだろうか。じつは，この問題は数学基礎論と深くかかわるとともに，他方ではコンピュータではできることと，できないことがあることを示唆する。そもそも，コンピュータで解けない問題，換言すれば，それを解く算法が存在しない問題があることは，K. ゲーデルの**不完全性定理**（1931年）や A. チャーチの定理（1936年）によって早くから指摘されていた。これと同等の問題がチューリングの万能計算機に関する**停止問題**である。このことを説明するために，少しだけ万能計算機について述べておかねばならない。

万能チューリング機械とは，どんなチューリング計算機（その機能表と最初の配置図）に対しても，それがやるべき作業をなぞることができるチューリング計算機のことである。それ自身が機能表をもつチューリング機械であり，任意のチューリング機械から，配置図と機能表を 0, 1 の 2 元系列で翻訳して記入されたテープさえ受けとれば，その計算機が実行するとおりを，真似ることができる。ちょうど，読者が表 2.6 の機能表と図 2.9 の最初の配置図 (1) を目の前にして，ステップ (2), (3), … とつぎつぎと自らが処理してみれば，最後に停止命令に行きつくように。これはわれわれ人間も理論的には万能チューリング機械になれることを意味する。ここでは，万能チューリング機械の作り方には触れないが，文献 2-14) に詳細が紹介されている。

万能チューリング計算機に，任意の機能表と配置図を与えたとき，機能表に従って計算を実行させたとき，必ず停止するかどうか判定せよ，という問題は決定不能である。これをチューリング機械の**決定不能問題**という。一方では，チャーチの定理は，一般的に解くための算法がつくれないようなタイプの問題が存在する，と主張する。チャーチは自身の定理の証明に基づいて，チューリング機械の機能表で表すことができ，その計算機で実行できるものを算法と呼ぼう，と提案した。これを算法理論の**基本的前提**という。ところで，ゲーデル

は自然数の体系を公理化した一階述語論理の中で，これが無矛盾（ある命題とその否定が同時に定理になることはない）であるとき，成り立つこと（真であると判定できる）も成り立たないことも示せないような命題が存在し得る，ことを示した。これをゲーデルの不完全定理という。これ以上の議論は，読者に混迷を与えかねないことを恐れ，成書を紹介するにとどめる。哲学的背景については 2–15), 2–16) が詳しく，入門書としては 2–11)，専門書としては 2–17) を推奨する。

章 末 問 題

【1】 ハミング符号とはなにか。

【2】 7 ビットの符号語語長をもつハミング符号を構成せよ。

【3】 Exclusive Or を表すブール関数 $(x \wedge \bar{y}) \vee (\bar{x} \wedge y)$ の否定はどのように表されるか。

【4】 2.6 節の式 (2.5) が表す文章を日本語できちんと述べよ。

【5】 文章：「他人に迷惑をかける行為はしてはならない」の対偶を文章で書け。

【6】 表 2.1 には，2 変数のブール関数のうち，たがいに異なるものが 16 種類示れている。これ以上はあり得ないことを論証せよ。

【7】 図 2.9 のステップ (11) から (12) にはいくつかのステップが飛ばしてある。表 2.6 の機能表を見て，ステップ (11) から 1 ステップずつ進んで変化する配置図を五つのステップまで書いてみよ。

【8】 3 章の 3.1 節を読んで，つぎの問いに答えよ。いま，p, q は自然数を表すとして，つぎのような三つの命題を考える。$\forall p\{Q(p)\} = \{p$ の 2 乗 p^2 は偶数である $\}$, $R(p) = \{p$ は偶数である $\}$, $\exists(p,q)\{P(p,q)\} = \{\sqrt{2} = p/q$ と表されるようなたがいに共通因数を持たない自然数の組 p, q が存在する $\}$。

   i) $\forall p\{Q(p) \to R(p)\}$ が成立することを示せ。

   ii) $\exists(p,q)\{P(p,q)\} \to R(p)$ が成立することを示せ。

   iii) 命題 $\exists(p,q)\{P(p,q)\}$ の否定を日本語の文章で書け。

   iv) iii) の文章は命題 $\forall(p,q)\{\overline{P(p,q)}\}$ に相当しなければならないが，このことは命題 $S = \{\sqrt{2}$ は無理数である $\}$ と等価であることを確認せよ。

【9】【8】に関連して，命題 S が真であることを示すために，S の否定が正しいと仮定すれば矛盾が導けることを示して，$\sqrt{2}$ が無理数になることを証明せよ。

3 コンピュータ（自律移動ロボット）が得意な知能

　コンピュータが最も得意とする知的作業の一つが探索である。チェスや将棋では終盤のチェックメイトや王手の段階になると，コンピュータによる探索がすでに人間のプロのプレーヤよりも正確かつ高速である。カーナビゲータによる目的地への最短経路探索もコンピュータは得意とする。自律移動ロボットでは地図ができると，障害物回避はコンピュータで実行可能になる。問題は探索しやすい地図をどのように作るかが重要になる。地図を作らずに，コンテクストに依存してデータベースの中から単に探索を行おうとするならば，コンピュータではいまだ効率的ではなく，まだまだ頼りない。ここでは，ダイクストラの算法を中心にして，移動ロボットに必要なグラフ探索の方法論を述べ，併せて地図生成の方法を論ずる。

3.1　地図データベースと探索

　現今のカーナビゲータは非常に高度な知能機械である。音声で受け答えができるようになると，使い勝手はもっと増す。カーナビゲータの"知"の源泉は，DVD に収納されている全国津々浦々の道路地図であり，GPS と呼ぶ測位機能である。自分の位置を知り，目的地を与えれば，そこに至る最短経路も即座に調べて，液晶画面に表示してくれる。そこにはどんな仕掛けが使われているのだろうか。その原理的な側面を，屋内で使う移動ロボットの**経路計画**や**障害物回避**を例にとって，説明しよう。

　いま，ビルのフロアがあり，そこの廊下や空き部屋の床部分を自動的にきれ

いに掃除してくれる掃除ロボットを想定してみよう．掃除するにはどこが空いているか，床上のどこに什器類が置いてあるか，知ることができれば移動を計画するのに便利である．そのために，フロアの地図をどのようにコンピュータに取り込んだらいいか，考えてみたい．例えば，図 **3.1** に示すように，フロアには掃除してほしくない閉じた部屋 D_1, D_2 があり，空いた領域には大きな机 V_1 や椅子の類 $V_2, \cdots, V_5$ があるとしよう．$V_1 \sim V_5$ は障害物と見なされる．ただし，部屋 D_1, D_2 も障害物と思ってもいい．いずれにしても，これらはいくつかの頂点をもつ多角形で表されるだろう．曲線部をもつ障害物であっても，それは適当な個数の頂点を選んで多角形で近似することができる．これら多角形のおのおのは，内部を左に見ながら（反時計回り）頂点を順番に取ってきて，それらの (x, y) 座標を並べることにより，コンピュータに取り込むことができる．例えば

$$D_1 = \{(1,0), (5,0), (5,1.5), (1,1.5)\}$$
$$D_2 = \{(1,2.5), (4,2.5), (4,4), (1,4)\}$$
$$V_1 = \{(5.5,2.5), (6.3,2.5), (6.3,3.8), (5.5,3.8)\}$$
$$V_2, V_3, \cdots, V_5 \text{ も同様}$$

などとなる．座標の並べ方を反時計回りにすることにより，多角形を表す D_1 について，どこが内点になるか，わかる仕掛けになっている．2 次元世界のこのような多角形近似による物体表現を "B-reps." と呼ぶ．B は Boundary，reps. は Representation（表現）の意味である．3 次元物体については，これを多面

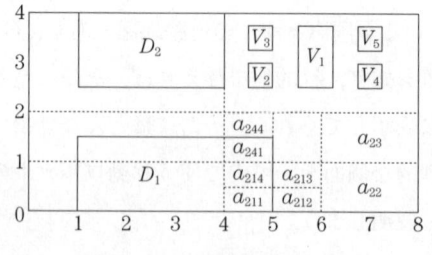

図 **3.1** フロア区割り地図

体近似し，その各面（それらをパッチ（patch）と呼ぶ）を2次元のB-reps.で表し，これを適当な順序で並べて多面体を表現することができる（ここでは3次元物体の取扱いについては，これ以上は述べない）．

フロアの地図を別の構造的な方法で表すこともできる．図3.1のフロアについて，これをx軸，y軸について半分に切り，四つの領域に分割する．そして，各1/4の面積になった各領域をまたx軸，y軸について半分に分割して，1/16の面積をもつ領域に分ける．以下，これを繰り返すと，図3.1のフロア地図は，結局は**図3.2**のような木構造をもつグラフで表現可能になる．ここに各ノードは■，●，○のいずれかであるが，●はその部分はすべて物体で占有されていることを表し，○は空白であることを表す．記号■はどちらでもなく，さらに分割を進めて，白，黒をはっきりさせる必要があることを示す．フロアの地図をこのような木構造で表現すると，なにかと都合がいいことがある．この方法を**四分木**（quad-tree）と呼ぶ．例えば，図3.2でa_{211}と記した●印の部分が図3.1でa_{211}と記した小領域に対応することは一目瞭然であろう．記号a_{211}の下付きの数値は4進数表現と思ってもよい．フロア上で2次元B-reps.が与えられたとき，これを四分木上にどのように書き加えたらよいか，工夫が必要である．図3.1に示すフロア上の什器類の置き場所がよく変わることを考えるなら，これら障害物の変動はつねにB-reps.か四分木上で容易に書き換えられるようにしておかねばならない．フロア上に形状が多角形で近似された移動ロボットが置かれたとき，この移動ロボットが障害物と衝突することを避けるた

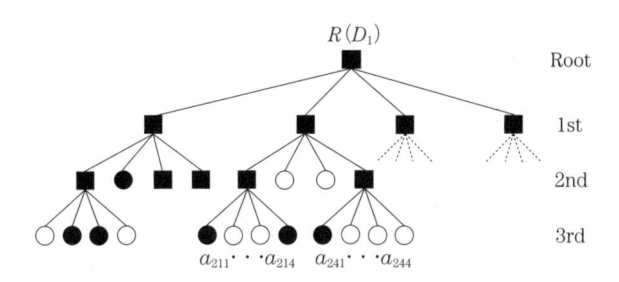

図3.2 区割り地図の四分木による表現

めには，最近接した障害物と少なくともどれだけ離れているか，その**最小距離**をつねに計算できるようにしておかねばならない．このようなロボットと障害物との間の最小距離を見いだすには，B-reps. 表現をもった地図データベースに対しては障害物の全数チェックが必要になるが，構造をもった四分木の場合は，木の深さのオーダで最小距離を求めることができる算法があり得る．

なお，3次元環境を表現するために用いられる多面体近似モデルは，コンピュータグラフィクスの世界で用いられるソリッドモデルの一つであるが，2次元環境表現に用いられる四分木の3次元版は**八分木**（octree）と呼ばれる．立方体か直方体のような3次元領域を八分割し，その分割された小領域をさらに八分割して，3次元空間に専有された物体や障害物の全体の立体図がコンピュータに取り込めるようになる．

3.2　接線グラフと障害物回避

ある限定された2次元環境に移動ロボットが置かれたとき，その点 S から目標点 G まで最短距離で到達する経路を探索する問題を考えよう．途中にある障害物はすべて地図データベース中に多角形近似して記録されているとする．初めに，たがいに重なり合わない二つの凸多角形 P_1 と P_2 が与えられたとき，それらの間に4本の共通接線が引けることを指摘しよう（図**3.3**）．そのうち2本（t_{12} と t_{21}）は二つの多角形がともに直線の片側にあり（図3.3），ほかの二つ（c_{12} と c_{21}）は多角形を両側にもつ．つぎに，多角形 P_1 の近くに出発点 S，P_2 の近くにゴール（目標点）G が与えられたとしよう（図**3.4**）．点 S と多角形 P_1 との間には共通接線が2本引ける．同様にゴール（G 点）と多角形障害物 P_2 との間にも接線が2本引ける．ゴールから P_1 は見えないので（P_2 の陰になっているので），G から P_1 への接線は引かない．S からは P_2 の一部が見え，図3.4に示すように，1本の接線が引ける．こうして，多角形 P_1，P_2 を障害物と見て，S から G に向かうさまざまな道筋を含む線分と頂点からなるグラフがつくれる．これを**接線グラフ**（tangent graph）という．一方では，出発点 S，

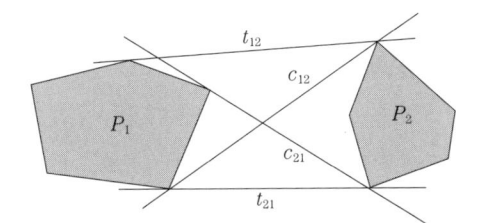

図 3.3 分離した二つの凸多角形の間に
引ける共通接線

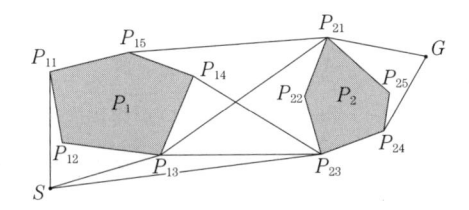

図 3.4 多角形 P_1, P_2 の全体に対して引いた
可能な接線の全部（接線グラフ）

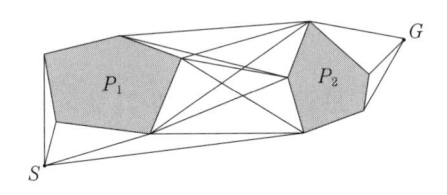

図 3.5 可視グラフ

ゴール点 G, P_1 の頂点 P_{1i}, P_2 の頂点 P_{2j} の相互の間に，たがいが見える頂点対については直線を引くことで，図 **3.5** のようなグラフ構造がつくれる．これを**可視グラフ**（visibility graph）という．明らかに，接線グラフに比較して可視グラフのほうが線分の数が多くなる．障害物の形状が複雑で多数の辺で近似しなければならなくなり，そのような障害物の個数が増えると，接線グラフのほうの線分の数は増大しないにもかかわらず，可視グラフのほうの線分の数は加速度的に増加し，複雑度が大きくなる．もし，可視グラフの中で S から G への最短距離をもつ道筋があると，それと同じ道筋か，少なくともその最短距離と同じ距離をもつ道筋が可視グラフの中で見つかる．すなわち，S から G へ

の最短経路は可視グラフの中に必ず存在することが示せる。なお，ここでは S から G への経路とは，多角形の辺を表す線分と，グラフ構造をつくるために引いた線分を連結した S から G へ至る区分的直線をいう。

つぎに，可視グラフの中で出発点 S からゴール地点 G に至る最短経路を見つける問題を考えたいが，それには木構造やグラフの探索アルゴリズムが有効になる。障害物を回避させつつ目標点に到達する経路を計画する問題は，MIT の A. ロザノペレス[3-1] によって初めて研究された。そのとき，フロアの環境を表す地図データベースに B-reps. を用い，可視グラフというデータ構造をつくって，そこに次節で述べる A* アルゴリズムと呼ぶグラフ探索アルゴリズムを適用した[3-2]。ほぼ同様のデータ構造をもつが複雑度がずっと小さくできる接線グラフは Y.H. リュー等[3-3] による。現実の 2 次元環境の中で行う経路計画では，接線グラフに基づく方法が最も実際的であり，そこではダイクストラの算法や A* アルゴリズム等の経路探索法が素早く，確実に，最短距離や最小時間を与える経路を見いだしてくれる。

3.3　最適探索のアルゴリズム

グラフ構造の中で単純な構造をもつ木（ツリー）は，図 3.2 に示すように，根 (root) から枝が出て，節 (node) に達し，節から枝分かれし，最後に葉 (leaf) に終わる。これらのいくつかの葉の中に探索したい目標があるとしよう。

例として，京都の四条烏丸から兵庫県伊丹市にある伊丹空港に最も早く着くことのできるルートを探索する問題を考えてみよう。実際に，種々のルートがあって，JR 西日本や阪急電車，リムジンバス，モノレール等をどのように乗継ぎしたらいいか迷う。これら可能なルートは図 3.6 のような木の構造をもつグラフで表すことができよう。四条烏丸からは阪急電車の特急に乗れば 38 分で十三に着くが，そこで宝塚線に乗り換えねばならない。他方，四条烏丸からは地下鉄に乗って京都駅に着くこともできる。地下鉄は数分で京都駅に着くが，乗換え時間もあるので，10 分かかるとしよう。京都駅からは，リムジンバ

3.3 最適探索のアルゴリズム

図3.6 木構造

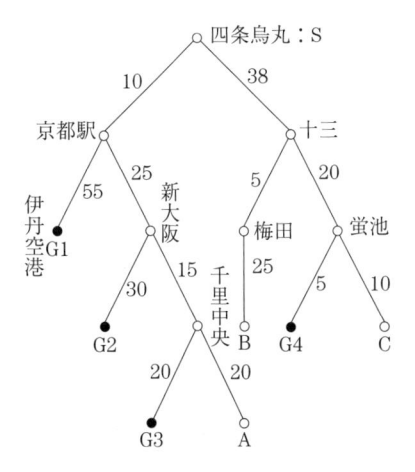

目標は G1〜G4 であるが，その中で最小コストを与えるルートを選びたい。

スで空港まで 60 分（公称）かかるが，平均的には 55 分ぐらいと思われる．他方，京都駅から JR の新快速で新大阪に行き，そこからリムジンバスで伊丹空港に行くルートもあり得る．ここではゴールを表すため記号 G を用いたが，同じゴールに入るがルートの違いがあり得るので，G1, G2, …, 等と書き，その中で最短時間を与えるルートを探したい．そのため，四条烏丸を記号 S で表しておこう．いまフロントリストと呼ぶリスト F を用意し，最初に出発点 S と S に至るコストを対にして，$(S, \hat{g}(S) = 0)$ を F に入れておこう．ここに出発点 S はスタート地点なのでコストはゼロとした．探索アルゴリズムはつぎのようになる．

ループ： if F = empty then exit (fail)

n = first (F)：リスト F の先頭にあるノードを取り出し，それを n とせよ．

if n is goal then exit (success)

otherwise, remove n from F：n を F から削除する．

n から出る枝をすべて調べ（これをノード n を展開するという），枝を伝って到達する子ノード n_i に対して，n から n_i に至るコスト $c(n, n_i)$

を $\hat{g}(n)$ に足しこんで $\hat{g}(n_i)$ とし、対 $(n_i, \hat{g}(n_i))$ を F に入れ、n_i から n へのポインタをつける。この操作をすべての子ノードに対して行った後、F のすべてのノードをコストの小さい順に並べる。

goto ループ

このプログラムで"ポインタをつける"という意味は、子ノード n_i の親が n であることを指示するデータのことである。実際にリスト F に子ノード n_i を格納するとき、コスト $\hat{g}(n_i)$ と親が n であるということも含めた三つ組 $(n_i, \hat{g}(n_i), n)$ のデータを n_i にもたせるのである。F の中に入った三つ組として表した子ノードは、それまでに F に入ったノードのすべてを含めて、コストの小さい順に並べ替えるが、この操作が最短ルートの探索の鍵となる。実際に、図 3.6 の木構造にこのプログラムを適用してみよう。そのとき、F の中味はループを通るごとにつぎのように変化する。

F = { 四条烏丸 (0) } → { 京都駅 (10), 十三 (38) }
→ { 新大阪 (35), 十三 (38), 伊丹空港 G1(65) }
→ { 十三 (38), 千里中央 (50), 伊丹空港 G2(65), G2(65) }
→ { 梅田 (43), 千里中央 (50), 蛍池 (58), G1(65), G2(65) }
→ { 千里中央 (50), 蛍池 (58), G1(65), G2(65), B(68) }
→ { 蛍池 (58), G1(65), G2(65), B(68), G3(70), A(70) }
→ { G4(63), G1(65), G2(65), B(68), C(68), G3(70), A(70) }

途中、伊丹空港を表す G1 は早くも第三ステップで F に入るが、そのコストは 65 分である。やがて、最後には 63 分で伊丹空港に到着できる G4 がリスト F の先頭に来る。これが最短時間で到着できるルートであり、途中の枝は G4 からポインタの示すとおりに親から親へとたどって、途中のルートを特定することができる。ちなみに、このルートでは、阪急電車の特急で十三駅に着き、そこで宝塚線に乗り換え、蛍池でモノレールに再び乗り換えて伊丹空港に到達する。なお、ここでは乗換えに要する時間は概算的に枝のコストに含めたが、実際には乗換えの待ち時間は列車やバス等の時刻表に従ってまちまちであり、現実に

は乗換え回数が少ないほうが好ましいかもしれない．しかし，ともかく，木の構造をもつグラフに対しては上述のプログラムが最適ルートを必ず探索してくれることが理解できよう．

図 3.6 の G1～G4 は同じ目的地なので，実際には図 3.6 の木構造は**図 3.7** のグラフで表される．このようなグラフ構造に対しては，上述のプログラムが適切に機能するとは限らない．グラフにはループ構造があり，四条烏丸から途中の大阪駅や新大阪駅に至るにも単一のルートとは限らなくなる．そこで，一般的なグラフの中でスタート地点 S からゴール地点 G に至る最短ルートを探索するアルゴリズムを示そう．ここでは，フロントリストと呼ぶリスト F のほかに探索済みのノードを蓄えるもう一つのリスト H を用意する．プログラムはつぎのようになる．

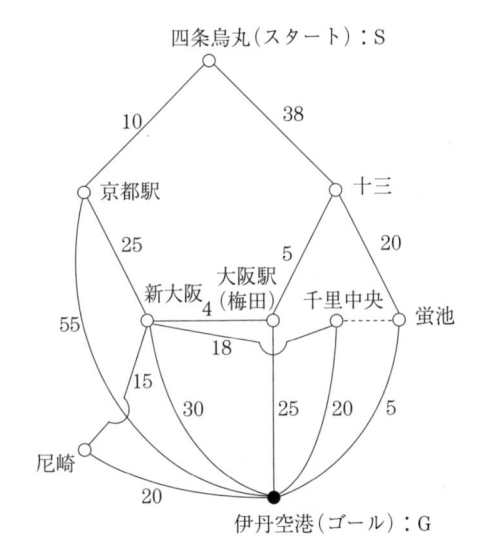

図 3.7 グラフ構造

Loop: if F = empty then exit (fail)

　　　n = first (F)：リストの先頭にあるノードを取り出し，それを n とせよ．

　　　if n is goal then exit (success)

　　　remove n from F：n を F から削除する．

add n to H：n はチェック済みとしてリスト H に加える。n から出る辺をすべて調べ（これをノード n を展開するという），到達する子ノード n_i に対して，S から n を通って n_i に至るコストを $\hat{g}(n, n_i) = \hat{g}(n) + c(n, n_i)$ と定める。ここに $c(n, n_i)$ は n から n_i に至る辺のコストである。これら子ノード n_i で F にも H にも含まれていないノードを F に入れ，$\hat{g}(n_i) = \hat{g}(n, n_i)$ とし，n_i から n に向かうポインタをつける。a) すでに F に含まれているノードに対しては，n を展開する前の $\hat{g}(n_i)$ と $\hat{g}(n, n_i)$ を比較し，$\hat{g}(n, n_i)$ が小さければあらためて $\hat{g}(n_i) = \hat{g}(n, n_i)$ とし，n_i から n に向かうポインタをつける。b) それ以外の子ノードに対してはなにもしない。c) 最後に F 内のノードをコストの小さい順に並べる。

goto Loop:

この探索アルゴリズムを図 3.7 のグラフに適用すると，フロントリスト F はつぎのように変動する。

$\qquad$ F = { S (0) } → { 京都駅 (10)，十三 (38) }
$\qquad$ → { 新大阪 (35)，十三 (38)，G(65) }
$\qquad$ → { 十三 (38)，尼崎 (50)，千里中央 (53)，G(65)，G(65) }

ここまでで，ゴール（伊丹空港）が二度現れるが，それぞれのコストが同じになるので，どちらか一つをチェック済みのリスト H に入れてよい。次いで，先頭のノードが十三なので，これを展開して蛍池 (58) がリスト F に入り，最後に蛍池が F の先頭に来たときにこれを展開し，子ノードとして伊丹空港が現れ，そのコストが 63 となって，F にあった G(65) が G(63) に入れ代わり，ポインタも更新する（つまり，G から蛍池へ向かうポインタをつける）。こうして，S から G への最適なルートの探索が終わり，最短時間ルートはポインタをたどることによって特定できることになる。

3.4 自律移動ロボットの経路計画

前節で述べた最適探索のアルゴリズムはE.V. ダイクストラによって1959年に発見された[3-4]。この方法は，R. ベルマンによって提唱された**最適原理**に基づく**動的計画法**（dynamic programming）[3-5]をグラフに拡張したことに相当している。あるいは，波の伝播に関する**ホイヘンスの原理**を離散化し，グラフに拡張したものと見なすこともできる。フロントリストは波頭に相当するノードを集めたものと見なすことができる。この考えと等価な方法は，ディジタル通信の技術ではA.I. ヴィタービ算法と呼ばれる誤り訂正符号の復号化法として用いられている。また，音声認識では単語の音声パターンを標準化した音声波形（テンプレート）と比較し，マッチングの度合いを測る基本技法として用いられた。

ダイクストラのアルゴリズムは，当然のことであるが，移動ロボットのパスプランニングにも使える。典型的な例として，**図3.8**の接線グラフで表した障害物のある環境下における最短経路を考えてみよう。ダイクストラのアルゴリズムを適用するために，フロントリストにコストが0の出発点ノードS(0)を入れる。その後，Sを展開すれば子ノードとして障害物P_1の頂点$P_{11}(2.3)$, $P_{13}(2.4)$と障害物P_2の頂点$P_{23}(5.7)$が現れる。すなわち

$$F = \{S(0)\} \to \{P_{11}(2.3), P_{13}(2.4), P_{23}(5.7)\}$$

となる。次いで，リストFの先頭に入ったP_{11}を展開すると，その子ノードとし

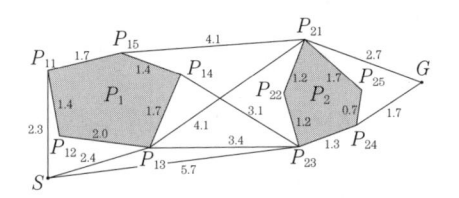

図**3.8** 各枝にコストが付与されたグラフ

て P_{12}, P_{15} が現れるが，P_{12} のコストは $\hat{g}(P_{12}) = \hat{g}(P_{11}) + c(P_{11}, P_{12}) = 2.3 + 1.4 = 3.7$ となり，P_{15} のそれは $\hat{g}(P_{15}) = \hat{g}(P_{11}) + c(P_{11}, P_{15}) = 2.3 + 1.7 = 4.0$ となる．したがって，リスト F はつぎのようになる．

$$F = \{P_{13}(2.4),\ P_{12}(3.7),\ P_{15}(4.0),\ P_{23}(5.7)\}$$

このとき，処理済みのリスト H は，H = { S(0), $P_{11}(2.3)$ } となっていることにも注意しておこう．さらに F の先頭に来た P_{13} を展開すると，子ノードとして P_{21}, P_{14}, P_{23} が現れる．この三つの子ノードのうち，P_{23} はすでに F の中に入っている．新たに出た P_{23} のコストは $\hat{g}(P_{23}) = \hat{g}(P_{13}) + c(P_{13}, P_{23}) = 2.4 + 3.4 = 5.8$ となり，これは F の既出のノード P_{23} のコストである 5.7 に比して大きい．こうして，新たに出てきた $P_{23}(5.8)$ は F に入れないし，もちろん，H にも入れない．こうして，フロントリストはつぎのようになる．

$$F = \{P_{12}(3.7),\ P_{15}(4.0),\ P_{14}(4.1),\ P_{23}(5.7),\ P_{21}(6.5)\}$$

このとき，処理済みのリストは H = { S(0), $P_{11}(2.3)$, $P_{13}(2.4)$ } となる．この後，P_{12} を展開すれば，子ノードとして P_{11}, P_{13} が現れるが，これらはすでに処理済みリスト H にあるので，なにもしないで，F はつぎのようになる．

$$F = \{P_{15}(4.0),\ P_{14}(4.1),\ P_{23}(5.7),\ P_{21}(6.5)\}$$

ここで P_{15} を展開すれば，P_{14} と P_{21} が出現するが，これらは F に既出であり，コストも既出のルートのコストより大きいので，なんら変更せず，リスト F, H はつぎのようになる．

$$F = \{P_{14}(4.1),\ P_{23}(5.7),\ P_{21}(6.5)\}$$
$$H = \{S(0),\ P_{11}(2.3),\ P_{13}(2.4),\ P_{12}(3.7),\ P_{15}(4.0)\}$$

こうして，P_{14} を展開し，次いで P_{23} を展開することになって

$$F = \{P_{21}(6.5),\ P_{22}(6.9),\ P_{24}(7.0)\}$$
$$H = \{S(0),\ P_{11}(2.3),\ P_{13}(2.4),\ P_{12}(3.7),\ P_{15}(4.0),\ P_{14}(4.1),\ P_{23}(5.7)\}$$

となり，P_{21} を展開して

$$F = \{P_{22}(6.9),\ P_{24}(7.0),\ P_{25}(8.2),\ G(9.2)\}$$

となり，ゴール G が現れる．しかし，つぎの P_{22} の展開の後（そのとき現れる P_{21} と P_{23} は H に既出），P_{24} を展開すると，フロントリストは

$$F = \{P_{25}(7.7),\ G(8.7)\}$$

となり，ゴールが再び現れるが，これは既出の G(9.2) に比べてコストが $\hat{g}(G) = \hat{g}(P_{24}) + c(P_{24}, G) = 7.0 + 1.7 = 8.7$ となり，G(8.7) と変更されることになる．最後に，P_{25} を展開した後，F = { G(8.7) } となって先頭に出てきたときのゴールは最小のコスト $\hat{g}(G) = 8.7$ をもつことがわかる．

この例（図 3.8）では，頂点 P_{12}, P_{22}, P_{25} はなんの働きもしないことが判明する．このように，障害物多角形の頂点で，それが所属する以外のほかの障害物や出発点 S，ゴール G と辺を組まないような頂点は，グラフの中でノードとしての役を果たさないので，グラフの中からあらかじめはずしておいても構わない．

図 3.7 や図 3.8 のグラフは比較的単純であった．もっとノード数が大きく，辺が入りくんでいるグラフでは探索のプロセスでフロントリスト F に入るノードの数が爆発的に増えることがあり得る．あるいは，ゴールまでには未知の障害物があり得る上に，時には障害物が変動することもある．例えば，駅のコンコースで，真夜中，掃除するロボットを想定すると，固定した障害物は地図上に登録してあっても，臨時に置いたかもしれない障害物はどこにあるかわからないことが多い．そのとき，いまいるノードからゴール G までのコストが近似的にならざるを得ないが，その場合にその近似値を使って，探索の手続きをずっと減らすことができる．

いま，ノード n とゴールまでのコストの近似値 $\hat{h}(n)$ がわかっているとしよう（これをヒューリスティックな知識と呼ぶ）．そのとき，ノード n を通る経路のコストを推定値

$$\hat{f}(n) = \hat{g}(n) + \hat{h}(n)$$

として，フロントリストのノードをこの推定コストの小さい順に並べ替える。このようにしてつくられた探索を **A アルゴリズム**と呼ぶ．推定コストが真のコスト $h(n)$ の下界であれば，すなわち $\hat{h}(n) \leq h(n)$ であるとき，その A アルゴリズムを特に **A* アルゴリズム**と呼んでいる．このとき，スタート地点 A からゴール地点 G に至る経路が存在するならば，A* アルゴリズムによって最適経路が必ず見つかる（詳細は文献 3-2) 参照）．

　もっと極端に，ある広いフロアかコンコースに置かれた自律移動ロボットは，超音波センサのような近接センサは装備しているが，地図上には変動する障害物は記録されていないとする．しかし，自己位置は回転角と走行速度の測定値によって地図上に特定（これを dead reckoning 法と呼ぶ）できるとして，ゴール地点 G にどのように到達したらいいか，その経路を求める戦略を考えてみよう．もっている地図上ではゴールは固定点であり，自己位置は変動するがつねに地図上に正しく特定されている．そこで，**図 3.9** に示すような経路計画を立てることができよう．自己位置からつねにゴールに向かって真っすぐに進むが，近接センサによって障害物に近づいたことがわかれば，左か右のどちらかの方向を定めて障害物の縁に沿って進む．ただし，左右のどちらを取るかは任意であろうが，例えば，ほんの少し進んでみてゴールからより遠ざかる方向を避けるという戦略を取ることもできる．そして，目標が見える点（縁の上にあって，そこからはもうそれ自身が障害にならない所）に来たとき，再びゴールに向かって真っすぐに進む．このような戦略で経路を定める方法を V.J. ルメルスキー

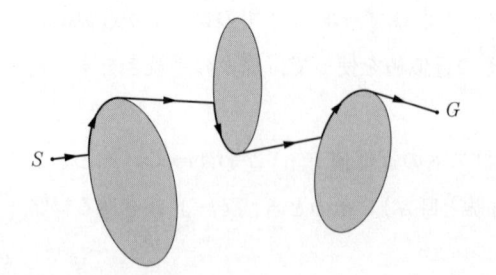

図 **3.9** 近接センサしかもたない移動ロボットの経路計画（ルメルスキーのアルゴリズム）

のアルゴリズムという[3-6]）。この方法は単純明快でかつ強力であるが，障害物の幾何形状が複雑で他の障害物と変に幾何学的に干渉した環境では，堂々めぐりが起こってゴールへの経路が見いだせないこともあり得る。

3.5 ゲームに勝つための戦略

　コンピュータは木やグラフの探索には強力な力を発揮する。この力を用いて，コンピュータは，1997年，チェスの世界チャンピオンを破った（1.5 節を参照）。じつは，その後，世界チャンピオンは同じロシアの V. クラムニク（2004年当時，27歳）に移ったが，2004年に再びチェス・コンピュータと戦い，今度は8番勝負まで行って2勝2敗4引分けに終わった。

　チェスや将棋のコンピュータプログラムはどのような考え方でつくられているのだろうか。コンピュータによる**チェスプログラム**の最初は，IT革命の父とも呼ばれる C.E. シャノンの提案に基づく（文献 3-7)）。基本は盤面の強さの評価法と木探索の方法にある。ここでは，盤面の評価法については，個々のゲームに依存するので議論しないが，将棋の場合に限って激指プログラムで用いられているという駒の価値を表にまとめておく（**表 3.1**)[3-8]。チェスや将棋のようなゲームは，着手ごとに盤面が変わるが，盤面と持駒（将棋の場合は，チェスと異なり，先手側と後手側の双方の持駒も重要）を状態と考えれば，チェス

表 3.1　将棋の駒の評価の一例（激指の場合）

駒の種類	評価点	成り駒	
王	∞		
飛	960	竜	1300
角	800	馬	1150
金	600		
銀	550	成銀	600
桂	400	成桂	600
香	400	成香	600
歩	100	と	600

では状態の総数は 10^{50} のオーダであり，将棋の場合は 10^{80} ぐらいのオーダであるといわれる．これらのゲームでは，初期状態（盤面）から始めて，一手を指すごとにゲームの木がつくられるが（図 3.10），それは数手先になると膨大なものになる．ここでは，将棋ゲームを念頭に，盤面と持駒を合わせた状態のことを局面と呼ぶことにする．図では，四角のノードが先手番 (A) の局面を表し，その中の数が評価関数とする．丸が後手番 (B) を表し，その中の数値がその局面になったときの評価関数とする．つぎの手を決める基本的な戦略は，後手番の局面では，子ノードのうちで評価値が最も低いノード（後手にとって有利な局面）を選び（そのような局面にする指し手），先手番の局面では子ノードのうち評価値が最も大きいノードを選ぶ．これを **min-max 法** と呼ぶ．例えば，図では，後手 B に与える四つの局面のうち，それぞれ最善の手（評価値を最小にするもの）を選ぶと，評価値は左から 80, 80, 110, 100（孫のライン）となるので，最高値の 110 を与える局面を選ぶ（子のラインで左側から三番目）．すなわち，図では親→子→孫へと太字で記した指し手が続くものと考えるのである．

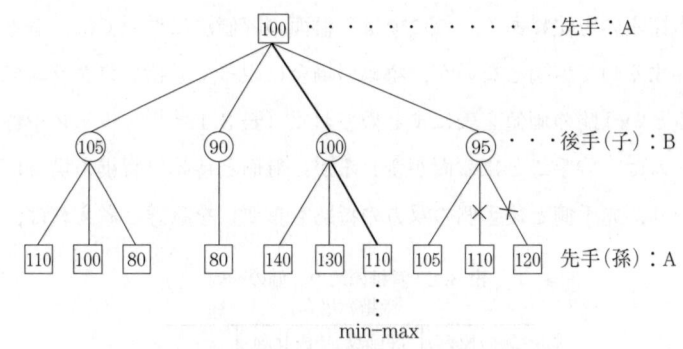

先手 A はつぎの手を指した後，後手が最善（評価値が最小）の手を指したときの評価値を最大にするような手を選ぶ．

図 3.10 ゲームの木

ゲームの木の探索法では，実際には可能な指し手（これを合法の手と呼ぶ）は序盤では二, 三十手, 中盤では数十手から 200 手近くにもなり得るので，数手先を読むには無駄な子ノード展開を捨てる必要がある．これを **枝刈り** という．強

力なプログラムをつくるには，決め手は局面の適切な評価法と効率的な枝刈り法である．枝刈りの最も単純な方法は以下に述べる $\alpha\beta$ **法**である．図で説明すると，後手（子）に与える局面では，左側から三番目の子ノードを探索し，後手Bの最善の手が評価値110の局面を与えることがわかった後では，四番目の子ノードが最初に指し手を定め，その局面の評価値が105（< 110）になったとすれば，もうこの子ノードではそれ以上の指し手は探索する必要がない．図で×印をつけた枝は刈り取ることができる．同様に最大，最小が逆の場合も調べる必要がない場合もあり，それらを合わせて $\alpha\beta$ 枝刈り法と呼ぶ．

ここまでは，合法的な指し手を無駄をなくしてすべて探索する方法であり，このままでは深い探索は実行できず，強いプログラムはできない．そこで，経験的知識と $\alpha\beta$ 法を組み合わせた種々の方法が考案されている．例えば，つぎの方法が提案され，将棋プログラムに実装されている．

(1) 子ノードのうち，他と比較して特に評価値が高いノードの探索を延長する方法．

(2) ノードの評価値を一手パスさせて求めたり，浅い探索を行って見積もり，それ以下の手は枝刈りする．

(3) 末端ノードに近いノードで評価値の上限を見積もって，枝刈りする方法．

このような方法で枝刈りを行っても，将棋の場合，現在のパーソナルコンピュータの能力をもってしても10手先までを読むのは困難なので，経験的知識を利用したり，探索範囲を狭めるために局面ごとに遷移確率を与えたりしている．後者では局面の実現確率を

(親ノードの実現確率) × (遷移確率) = (子ノードの実現確率)

として再帰的に定め，この確率を探索範囲の基準とする．前者の経験的知識（これをヒューリスティクスという）については，つぎのような手の候補の絞り込みを行う．

(4) 木の末端に近くなると，駒損する手は読まない．

(5) 末端に近づくほど生成する指し手の数を減らす．

1.5節で述べた将棋ソフトの激指では，前述の遷移確率を将棋プロのトップク

ラスの指し手の多くから抽出している。その結果，指しそうな手の割合に従って読みを入れ，駒の価値だけではなく，駒の損得や働き，玉の安全度，等々を綿密に評価して，最善手を決めている。確率を導入したことで，人間らしい指し手が見られるようになったことも，将棋ソフトが急激に強くなった要因となっている。

なお，終局面に近い場合には詰め将棋ルーチンを起動させるが，局面が狭められているときにタイミングよく起動させると，プロ選手にもかなわない力を発揮するようである。将棋ソフトがいつ将棋名人や竜王を破るか，10年はかかるが，20年とはかからないであろうといわれ始めている（2005年現在）。

章 末 問 題

【1】 図3.1の区割り地図で，D_2 が占有する領域は4分木のノード a_4 が表す長方形領域に含まれる。それでは，図で V_3 をまるごと含む最小の長方形領域を4分木のノードで示せ。また，V_5 についてはどうか。

【2】 必ずしも凸でない多角形は，頂点どうしを線分で結んで，それを含む最小の凸多角形に拡大し得る。これを最小凸化多角形と呼ぶ。二つの必ずしも凸とは限らない多角形について，4本の異なる共通接線が引ける条件を述べよ。

【3】 ダイクストラのアルゴリズムを図3.7に適用したとき，フロントリストには最後のステップで G (63) が来ることが確かめられている。このとき，G (63) のポインタをスタート地点に向かってたどったルートを示せ。

【4】 大規模なコスト付きグラフにダイクストラのアルゴリズムを適用するとき，フロントリスト中には途中で膨大な数のノードが蓄えられることになる。そこで先頭のノードを展開したとき，子ノードのもつコストを F の中のノードのコストと比較しつつ，F に入る先頭からの順番を決めなければならない。そのとき，コストの比較の回数をなるべく小さくする工夫があり得るか，検討せよ。

【5】 コスト付きのグラフに対して適用するダイクストラのアルゴリズムでは，フロントリストのほかに探索済みリスト H を用意しなければならない。なぜか，その理由を述べよ。

4 機械による認識

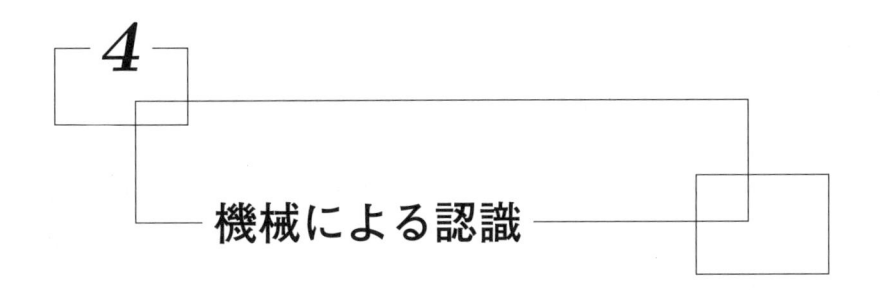

　手書き文字やさまざまな物体を区別し，それらがなにを表すか認識したり，音声や画像から意味あるものを認識するのは人にとっては容易であるように思えるが，コンピュータにこれらができるようにするのは非常に難しい．他方，数を扱い，計算するのはコンピュータは得意であるが，直線や図形などの幾何学的対象の処理や認識は得意なのだろうか．じつは，図形やパターンを人がどのように認知し得ているか，脳生理学でも解明されているとはいえない．しかし，赤ちゃんは早い時期に母親の顔と他の接する人との顔を区別し，認識している．実際には，人の認識行為はコンテクスト依存性が強く，個々人の育った環境や教育に影響される．ここでは，機械（コンピュータ）に機能できるための系列やパターンの認識に議論を絞り，その基礎となる数理的技法を述べる．それらは，距離や類似性の尺度，変換，写像といったコンテキストに依存しない幾何学的技法であり，このような基盤の上に図形やパターンの間に適合性（マッチング）を測る方法を導入する．系列や音声などの1次元の信号や，図形や画像のような2次元信号について，たがいの類似性の度合いを測ることから出発すれば，機械にも信号やパターンの中に意味あるものを認識する能力をもたせ得るのである．

4.1　人類は"数"をどのようにして認識したか

　本章の主題である図形やパターンの**機械認識**において，人類史における"数"の起源をなぜに議論しておかねばならないか，読者は不思議に思われるかもし

れない。その理由は，人類にとっても，文字や幾何学的対象の認識は，容易であったのではないことを理解しておきたいからである。文字や図形の認識能力はソサエティーの中で何世代にもわたって受け継がれた文化遺産なのである。本章では，音声認識や顔の認識については取り上げない。そこには人それぞれの育った文化や受けた教育に基づく，認識の仕方の個性的な違いがかかわるので，機械化が非常に難しいからである。そこでは，一般的な認識法を確立するだけでは不十分で，個人別に特化したチューニングができるような工夫が必要であるからである。

人類史では，"数"を数えることは文字の使用よりずっと先立ったことが知られている。数えることの正確な証拠は，アフリカのレベンボ山脈で発見されたヒヒの腿の骨であり，29個の刻み目が入っていた。チェコスロバキアで発見された狼の骨は55個の刻み目があり，年代は3万年前のものと測定された。そのころ，ホモサピエンス（クロマニヨン人，表1.1参照）は狩猟採集生活をし，石器時代の技術をもっていた。ネアンデルタール人も数えることは行っていたと思われている（文献3-1）参照）。共同して狩りを行うグループでは，獲物を公正に分ける必要があったはずである。農業が始まった約1万年前には，数の数え方や長さの測り方が始まっていた。土地は区画に分けられ，収穫物は量って保存し，分配された。定住した村には支配者が生まれ，富の蓄積を勘定し，記録するという行為を創発させた。最初に使用されたのは粘土製の小さい物体（トークン）であった。その個数で数を表すことが始まった。トークンは，初めは，単に粘土を固めたものであったが，やがてそれを焼き固め，永久に保存できるようにした。南部インラクに住んでいたシュメール人は，トークン一つに五つの刻印を押し，"5"を一つのトークンで表すことによって位取りを発見した。やがて，数を文字で表すことを始めたのは，紀元前3100年前，シュメールの諸都市であった。

われわれが，"数"を数えるとき，それは1, 2, 3, …と自然数が進む数列と考える。数えることは，ある属性をもったいくつかの対象物に自然数を割当てているのであるが，この行為は数学ではまさに**写像**である。この写像は，しか

4.1 人類は"数"をどのようにして認識したか

し，数えたいいくつかある対象物から自然数への写像と考えなくても，トークンのような（あるいは手指を使ってもいい）数えることのできる別物への写像と思ってもいい．しかし，数字が生まれた以上，ここではいくつかある対象物に自然数を割り当てることを**数える**と呼ぶことにしよう．シュメールを征服したバビロニア人とエジプト人は早くも分数を使っていた．長さを測ることも写像と考えることができる．基準となる長さ（例えば，手を広げたときの親指の先と小指の先の長さ）のいくつで表されるか，分数を用いることで，土地の区割りは正確な長さで実施できることになる．こうして，ギリシャ人はピタゴラスが活躍したころ，ユークリッド幾何学を創造した．しかし，長さや面積を測るとき，困った問題が起こった．よく知られたピタゴラスの定理は直角三角形の性質を表すものとしてよく知られている（図 **4.1**）．この定理そのものは，古代バビロニア人やエジプト人も測量に用いていたことが知られている．ピタゴラスの定理で，直角を構成する二辺の長さが等しいとき，斜辺の長さはそれらの $\sqrt{2}$ 倍になることは，われわれはだれでも知っている（図 **4.2**）．ところが，この $\sqrt{2}$

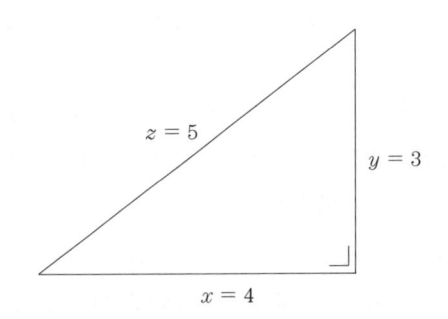

$x^2 + y^2 = z^2$．すなわち，直角三角形の斜辺を一辺とする正四角形の面積 z^2 は，各辺 x と y のそれぞれを一辺とする正四角形の面積 x^2 と y^2 の和に等しい．

図 **4.1** 直角三角形に関するピタゴラスの定理

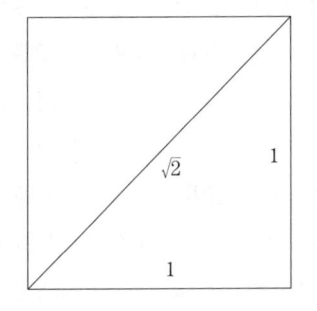

図 **4.2** 長さが1単位の正四角形の対角線の長さ

が分数で表されないことをピタゴラス学徒は知ってしまったのである（$\sqrt{2}$ が無理数であることを，たがいに共通な因数をもたない自然数 p, q で $\sqrt{2} = p/q$ と表されたと仮定し，矛盾を導くことで証明した）。当然のことであるが，コンピュータでも $\sqrt{2}$ をディジタル的に計算することはできないが，われわれは，必要とあればいくらでも分数で近似できることを知っている。しかし，ギリシャの時代では，自然数とその比（分数）以外は "数" と認めなかったので，点と線の関係のみからなるユークリッド幾何学が逆に，極限にまで発達したのかもしれない。現代では，数直線概念に基づく解析学と幾何学は結びつき，解析幾何学の体系が出来上がっている。その上に現在では "計算幾何学" (computational geometry) が発達していることにも言及しておこう。それは，コンピュータ内で幾何図形を自在に取り扱えるようにすることを目的としている。

4.2 直線の認識：ハフ変換

人は "数" を数え出したころ，ほとんど同時に，真っすぐな線，直線，を意識下に置き，概念形成（抽象化）することを覚え，コミュニティーの中で世代間にわたって伝え，定着していったであろう。狩猟採集や料理に使う道具を作るとき，使う木片は真っすぐな棒であると，組合せしやすい。人は目で見たイメージの中で，あるいは機械はカメラがとらえた画面の中で，直線をどのように認識しているのだろうか。猫の脳には直線に鋭く反応するニューロンが見いだされているという。画面の中で直線らしきものを無意識に見るのではなく，どこに，際立つ直線が見えているか，意識して検出することを論じてみたい。じつは，われわれ人が意識下のもとに，どのように直線を検出し，認識するか脳生理学的にわかっているわけではない。しかし，コンピュータが画面にある人工物の直線形状を効率よく検出する方法はある。それは，P.V.C. ハフ (Hough) によって発案され，特許の形で公開された**ハフ変換**である。その原理は，意外にも，ギリシャ時代ではなく，また 18～19 世紀に確立された解析幾何学の中からではなく，1962 年に特許として示されたことは，あまりにも遅く，驚くべ

4.2 直線の認識：ハフ変換

きことでもある。

簡単のために，いまは白黒の 2 値化された画像のみを考えよう。そして，背景が白である画面に図 4.3 に示すように直線 L_0 が黒色で描かれているとする。ここでは画面の中央付近に原点 O をとり，画面の縦と横に平行して x 軸，y 軸を取ろう（これら原点，x 軸，y 軸は画面に描かれているのではなく，思考のために導入した）。図 4.3 に示すように，直線 L_0 が y 軸上と交わるときの y の値を η_0，x 軸との傾き（x 軸と L_0 のなす角（反時計廻りを正にとる）の tangent）を ξ_0 とすると，直線は 1 次式

$$y = \xi_0 x + \eta_0 \tag{4.1}$$

で表される。ところで，図 4.3 の直線 L_0 を構成する画素は黒色で，値 1 を持ち，白色は 0 とすると，画面を横軸について左から右へ，そして縦軸について上から下へとスキャニングし，L_0 の点 P で表す黒色の画素に来たとき，その座標 (x_P, y_P) を用いて，(ξ, η) 平面に直線

$$\eta = -x_P \xi + y_P \tag{4.2}$$

を描かしてみよう。実際には，コンピュータのメモリに離散点からなる ξ 軸，それに直交する同じく離散点からなる η 軸，ξ の値と η の値が交差する格子点

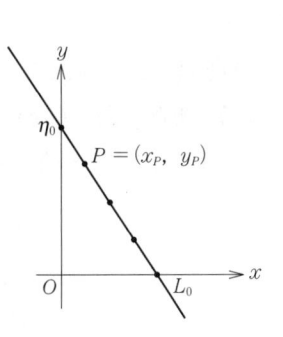

図 4.3　方程式 $y = \xi_0 x + \eta_0$ で表される点 P を通るある直線 L_0

図 4.4　パラメータ空間 (ξ, η) に得票数を濃淡化した 2 次元画像空間

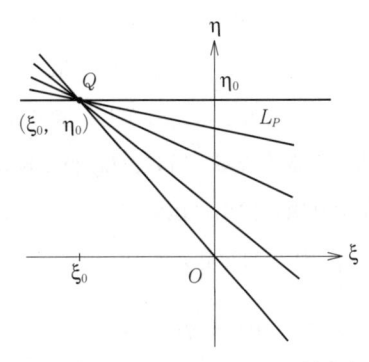

図 4.3 と式 $y = \xi_0 x + \eta_0$ によって対応する。

の上に得票数を表す軸（(ξ, η) 平面に直交し，その値（得票数）は濃淡を表すと考えたらよい）を設ける．この濃淡画像に相当する 3 次元空間を**パラメータ空間**と呼ぶことにする．図 4.3 の点 P に対応して，式 (4.2) で ξ の値を変えながら η を計算すると図 4.4 で直線 L_P が生成されるが，この L_P 上に載っている画素上に 1 票ずつ得票が入る．つぎに，図 4.3 の P の下の画素の座標 (x'_P, y'_P) を用いて同様の操作を行うと，図 4.4 で L_P のすぐ下に表した直線が生成され，それに載った画素の上に 1 票ずつ得票があることになる．このとき，二つの直線の交点はパラメータ空間の (ξ, η) 平面において座標 (ξ_0, η_0) をもつ点であり，この点にある画素の上には得票数が 2 票あることになる．以下，同様の操作を行うと，図 4.4 で交点 (ξ_0, η_0) の画素上の得票がどんどん増える．こうして，図 4.3 の画面を走査し終わったとき，パラメータ空間で得票数が極大となる座標点を探せば（それを (ξ_0, η_0) とせよ），この座標点で作られる式 (4.1) の直線が認識されたことになる．このパラメータ空間への得票操作を**ハフ変換**（Houhg transform）という．

実際の画像では，本来の濃淡画像をエッジが切り出せるように前処理し，閾値を設けて二値化した画面をハフ変換することになろう．そのため，明確な直線というよりも，途切れがあったり，太さが変化したりした直線らしきものが何本もあり得る．しかし，ハフ変換は投票操作なので，雑音や外乱に対しては耐性があり，パラメータ空間には直線らしきものを反映した複数の極大点をとれば，直線候補をいくつか同時に取り出すことができる．

以上で述べた方法は，しかし，図 4.3 で直線 L_0 の傾きが直立に近くなると，ξ_0 の値が大きくなる．特に，L_0 が y 軸に平行してくると無限に大きくなり，このような直線の検出は困難になる．そこで，(ξ, η) 平面に代えて，つぎの式で決まる (ρ, θ) 平面を考えよう．

$$\rho = x_P \cos\theta + y_P \sin\theta \tag{4.3}$$

ここに，(x_P, y_P) は図 4.3 の点 P の座標を表すとする．式 (4.3) で θ を 0 から 2π まで動かすと ρ が決まる．そこで，L_0 上の別の点 (x'_P, y'_P) をとって同じ

ことを繰り返す。このとき，(θ, ρ) 平面のある点 (θ_0, ρ_0) に得票が集まるだろうか。このことを見るために，図 **4.5** に示すように，原点 O から直線 L_0 に向かって垂線を降ろし，それが x 軸となす角を θ_0 とする。ここに，θ_0 の正負の符号は，反時計回りに θ_0 が取れるとき，正の値をとるとする。図をよく見ると，直線 L_0 は 1 次式

$$\rho_0 = x\cos\theta_0 + y\sin\theta_0 \tag{4.4}$$

で表されることに気がつく。実際，直線 L_0 の上にある点 P の座標 (x_P, y_P) を式 (4.4) の (x, y) に代入すると，明らかに

$$\rho_0 = x_P\cos\theta_0 + y_P\sin\theta_0 \tag{4.5}$$

が成立する。直線 L_0 上の他点 $P'(= (x'_P, y'_P))$ についても同様である。こうして，(θ, ρ) 平面上の点 (θ_0, ρ_0) の上に，L_0 上の画素が走査されるごとに得票が集まることになる。

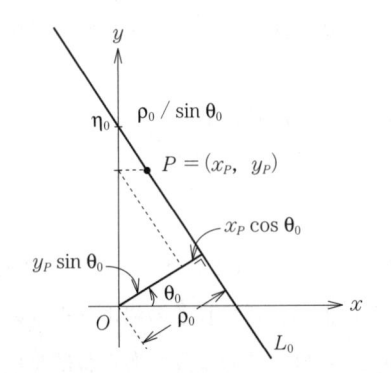

図 **4.5** 1 次式 $\rho_0 = x\cos\theta_0 + y\sin\theta_0$ で表される直線 L_0

前述した方法は，文献 4–3) で Duda と Hart によって改良されたものである。これを **θ–ρ ハフ変換**というが，現在ではこれを単にハフ変換と呼ぶことが多い。

4.3 ハウスドルフ距離による図形のマッチング

幾何学的な図形が同じかどうか，あるいは似ているかどうか，人はどのように判定しているか，これも脳科学の立場からでも明らかにされてはいない．ここでは，二つの幾何学図形のミスマッチの度合いを測る尺度として**ハウスドルフ距離**を導入し，これを用いて画像の中から目的の幾何学的対象を取り出す作業を説明してみよう．一般に，2次元平面上の2点 a, b は2次元ユークリッド空間 R^2 のベクトルとして表す．これらベクトルは暗黙のうちに座標 $a = (a_x, a_y)$, $b = (b_x, b_y)$ で表される点を端点として，原点 O を起点とする．したがって，a と b の間の**距離**（これをユークリッド距離という）$d(a, b)$ はユークリッドノルムを用いてつぎのように表される．

$$d(a, b) = \|a - b\| = \sqrt{(a_x - b_x)^2 + (a_y - b_y)^2} \tag{4.6}$$

このユークリッド距離はつぎのような三つの公理を満たすことは容易に確かめられる．

(1)　$d(a, b) \geq 0, \ d(a, b) = 0$ となるのは $a = b$ のときのみ．
(2)　$d(a, b) = d(b, a)$
(3)　$d(a, b) \leq d(a, c) + d(c, b)$

これを距離の公理系という．この中で (3) を三角不等式という．これは，図 **4.6** に示すように，任意の三角形の一辺の長さは他の二辺の長さの和より小さいことを意味している．距離という**測度**（metric）は，このようであらねばならないことを示唆しているのである．

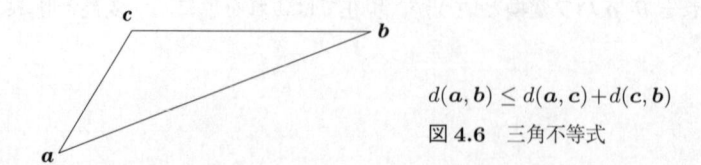

$d(a, b) \leq d(a, c) + d(c, b)$
図 **4.6**　三角不等式

4.3 ハウスドルフ距離による図形のマッチング

京都市やニューヨーク市のマンハッタンのように，道路が東西と南北に整然と区画化されていると，2点間を歩く最小距離は，その2点を結ぶユークリッド距離ではなく，東西方向と南北方向に歩かねばならない距離のそれぞれの和となる。すなわち，図 **4.7** に示すように，点 a と点 b を結ぶ直線を斜辺とする直角三角形を作り，直交する二辺の長さの和を2点間の距離 $d(a,b)$ とすることもできる。これをマンハッタン距離と呼ぶ。マンハッタン距離も距離の公理系を満たすことは容易に確かめ得る。もっとも，図 4.7 に示すように，点 a と点 b を結ぶ線分を対角線とする長方形を作り，その中と境界上のどの格子点上に点 c をとっても

$$d(a,b) = d(a,c) + d(c,b) \tag{4.7}$$

となっていることに注意。ただし，c が上述の長方形の外にあるときは，三角不等式が成立する（しかも，不等号のみで）。

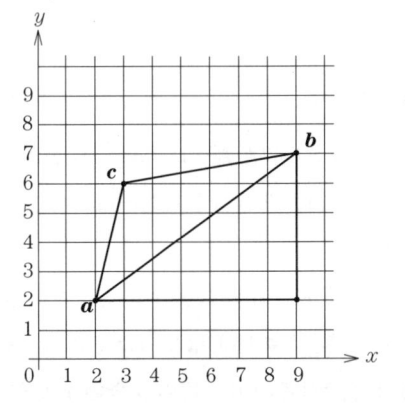

$d(a,b) = 12$ 単位であり，$d(a,c) = 5$, $d(c,b) = 7$ となる。

図 4.7 マンハッタン距離

幾何学図形が二つ与えられたとき，それらの間に距離を導入することもできる。図 **4.8** のように二つの2値画像が与えられたとき，それらの間の距離をつぎのように定める。図に示すように，これら二つを重ね合わせてみたときの二つの距離をまずつぎのように定義する。

$$h(A,B) = \max_{a \in A} \left(\min_{b \in B} \|a - b\| \right) \tag{4.8}$$

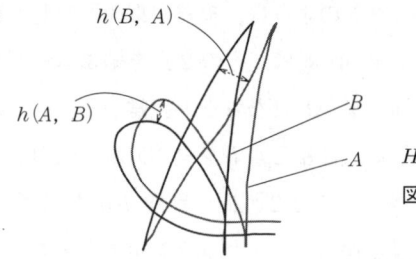

図 4.8 二つの手書文字の類似度を測るハウスドルフ距離

$$h(B, A) = \max_{\boldsymbol{b} \in B} \left(\min_{\boldsymbol{a} \in A} \|\boldsymbol{a} - \boldsymbol{b}\| \right) \tag{4.9}$$

ここに，式 (4.8) では A の図形上の黒色の画素点 $\boldsymbol{a}$ を任意に固定し，B の黒色画素点 $\boldsymbol{b}$ を B 上の黒い部分のすべてに走査してユークリッド距離 $\|\boldsymbol{a} - \boldsymbol{b}\|$ の最小値を探し，その上で $\boldsymbol{a}$ を A 上の黒色部分に動かしてそのような $\min \|\boldsymbol{a} - \boldsymbol{b}\|$ の最大値を探す．それは図 4.8 に図示した点 $\boldsymbol{a}$, $\boldsymbol{b}$ で起こり得ることを確かめられたい．同様の操作を，今度は A と B を入れ換えて行い，$h(B, A)$ を定める．そして，最後に

$$H(A, B) = \max\{h(A, B), h(B, A)\} \tag{4.10}$$

と定義し，これを図形 A, B 間の**ハウスドルフ距離**と呼ぶ．これが距離に関する公理系 (1)〜(3) を満たすことを示すのは，それほど難しくないが，少し議論を要するので，章末の演習問題にゆずる．

　二つの幾何学的図形に関するハウスドルフ距離は両者の**ミスマッチ**（mismatch）の度合いを表す．それが 0 のとき，この図形はまったく合同である．その値が 0 からはずれて大きくなるほど，両者の不一致の度合いが大きくなる．このことを利用して，画面中にある指定した図形（これをテンプレートと呼ぶ）と同じものがあるかどうか，あるとすればどこにあるか，見つけることが可能になる．

　例えば，高速道路のゲートで，固定したカメラが車の前部を写した画像があるとしよう．その画面の中にナンバープレートがあるはずだが，それが画面のどこにあるかはわからない．ここでは，画像をうまく前処理して，二値化した画

面の中でナンバープレートの外枠が長方形で切り出され（黒色化），中の文字とともに白黒で図形化されたと仮定しよう．それは画面のどこかにあるが，それと同程度の大きさの長方形画像のテンプレートを作り，それを含む少し大きな長方形の部分画像を用意しておく（これをテンプレート窓と呼ぶことにする）．このテンプレート窓を撮影した大きな画面の中で右方向と下方向に少しずつずらしながらハウスドルフ距離の小さくなる場所を探せばよいことに気がつく．そのとき，右や下にテンプレート窓をずらすとき，1ピクセル（画素あるいは絵素という）ずつ移動させると，ハウスドルフ距離を約 $n \times m$ 回も測らねばならないことになる．ここに n は全画像の左右のピクセル数，m は上下のそれである．テンプレートの黒色のピクセル数を p，全画面の中でテンプレートの長方形の窓で見る部分画像のピクセル数を q とすると，ハウスドルフ距離を求めるには pq 回のユークリッド距離を計算し，比較しなければならないが，比較の回数はある工夫を行うことで $pq \log_2(pq)$ のオーダに落とすことができる．また，全画面のある場所で，テンプレート画像とハウスドルフ距離を測ったとき，それが

$$H(A, B) = k\Delta x > 0$$

となったとしよう．ここに，Δx は単位画素を微小正方形と見たてたときの一辺の長さとする（長方形の場合も取り扱えるが，ここでは議論を単純化しておく）．もし k が十分大きいと，そこでテンプレートとのマッチングが取れていないばかりか，上下左右に少し動かしたその近傍でもマッチングが取れていないはずである．このとき，テンプレート窓を置く場所は，左右に，あるいは上下に，$(k-\delta)$ 個分の画素単位でずらしてよいことがわかる．ここに，δ はある画素数で，$H(A, B) \leq \delta \Delta x$ ならば，A と B はほぼ一致していると見なせる閾値を表すとする．いい換えると，テンプレートと窓を当てて見た画面の一部があまりマッチしないなら，そのとき当てた窓の周辺はスキップしてよいことを示唆するが，この操作をうまくアルゴリズムに組み入れて，広い画面中に見つけたいテンプレート図形を効率よく探索することができる．われわれの目は視野

が広いので，画像を一見すれば，自動車の前部を瞬間的に知覚し，ナンバープレートを見つけ，ナンバーを読み取ることができる．しかし，なんらかの理由で目の視野が狭くなると，画面中に視野に相当する長方形窓をずらしつつマッチングを取る必要が起こるが，このときの効率を上げる工夫が真にこのような手立てにあるはずであろう．

対象図形が大画面中に回転して現れる場合の取扱いも，同様なスキップを組み込むことができるが，さらに，拡大・縮小までも考慮するとなると，ハウスドルフ距離を用いる方法は有効ではなくなる．

4.4 テンプレートマッチングと位相限定相関法

前節で議論した例にならって，画像の中のどこに対象物があるか，コンピュータに認識させる問題を考えることにする．

図 4.9 に示すように一枚の撮影した画像（これを入力画像）の中で目的のナンバープレートを探したい．ここには，まず，同じ大きさをもち，上下と左右に平行移動すればおおよそ重ね合わせられるようなテンプレート画像があらかじめ作られており，これを $R_0(x,y)$ で表しておこう．ここに (x,y) は 2 次元平面の座標を表し，その値 $R_0(x,y)$ はその点の画素の濃淡の度合いを表すとする．なお，画面を覆う長方形からはずれた座標では $R_0(x,y) = 0$ としておき，対象物はテンプレート画像の中央付近にあるとする．入力画像は $R_1(x,y)$ として，これはテンプレート画像 $R_0(x,y)$ を座標 (δ, ϵ) だけ平行移動した画像と背景画像 $g(x,y)$ の和，すなわち

全体を写したイメージの中から，ナンバープレートを見つけたい．

図 4.9 自動車の前部

$$R_1(x,y) = R_0(x-\delta, y-\epsilon) + g(x,y) \tag{4.11}$$

で表されると考える.この平行移動(座標移動)のベクトル (δ, ϵ) が未知であり,これを求めたい.入力画像も座標 (x,y) が長方形の枠組みからはずれた所では $R_1(x,y) = 0$ であるとする.ここでは,座標 (x,y) は連続量と考え,$R_0(x,y)$ や $R_1(x,y)$ の2次元フーリエ変換

$$F_0(u,v) = \int_{-\infty}^{\infty} \int_{-\infty}^{\infty} R_0(x,y) e^{-2\pi i(ux+vy)} dx dy \tag{4.12}$$

$$F_1(u,v) = \int_{-\infty}^{\infty} \int_{-\infty}^{\infty} R_1(x,y) e^{-2\pi i(ux+vy)} dx dy \tag{4.13}$$

が計算できるとしよう(実際上は座標 (x,y) を画素ごとに対応させて離散化し,離散フーリエ変換で近似させる).ここで平行移動させた独立変数 $x' = x - \delta$,$y' = y - \epsilon$ を用いると,式 (4.12) は式 (4.11) を用いてつぎのように書き直せる.

$$\begin{aligned} F_1(u,v) &= \int_{-\infty}^{\infty} \int_{-\infty}^{\infty} \{R_0(x-\delta, y-\epsilon) + g(x,y)\} e^{-2\pi i(ux+vy)} dx dy \\ &= \int_{-\infty}^{\infty} \int_{-\infty}^{\infty} \{R_0(x',y') + g(x'+\delta, y'+\epsilon)\} \\ &\quad \times e^{-2\pi i(ux'+vy')} e^{-2\pi i(u\delta+v\epsilon)} dx' dy' \\ &= F_0(u,v) e^{-2\pi i(u\delta+v\epsilon)} \\ &\quad + \int_{-\infty}^{\infty} \int_{-\infty}^{\infty} g(x'+\delta, y'+\epsilon) e^{-2\pi i(ux'+vy')} e^{-2\pi i(u\delta+v\epsilon)} dx' dy' \\ &= \{F_0(u,v) + \tilde{g}(u,v)\} e^{-2\pi i(u\delta+v\epsilon)} \end{aligned} \tag{4.14}$$

ここに,$\tilde{g}(u,v)$ は,後でもその取扱いを議論するが,背景画像 $g(x+\delta, y+\epsilon)$ の2次元フーリエ変換である.ここで,背景画像は濃淡の平均が0であるように前処理されており,$\tilde{g}(u,v)$ は u, v の絶対値が大きいところでは0に近いと仮定しよう.アルゴリズムを導くために,もっと極端に $g(u,v) = 0$ であり,したがって,$\tilde{g}(u,v) = 0$ である場合を考えてみよう.そのとき,$F_0(u,v)$ について振幅と位相を分離して

$$F_0(u,v) = |F_0(u,v)| e^{-i\phi_0(u,v)} \tag{4.15}$$

と表すと，$F_1(u,v)$ は

$$F_1(u,v) = F_0(u,v)e^{-2\pi i(u\delta+v\epsilon)}$$
$$= |F_0(u,v)|e^{-i\{\phi_0(u,v)+2\pi(u\delta+v\epsilon)\}} \tag{4.16}$$

と表すことができる．そこで，位相を表す部分をそれぞれ

$$\begin{cases} F_0^\phi(u,v) = e^{-\phi_0(u,v)} \\ F_1^\phi(u,v) = e^{-i\phi_0(u,v)} \cdot e^{-2\pi i(u\delta+v\epsilon)} \end{cases} \tag{4.17}$$

と表し，この位相部分だけを使って $F_0^\phi(u,v)F_1^\phi(u,v)^*$ の 2 次元逆フーリエ変換を行う．ここに，$*$ 印は複素数値をとる関数の共役複素数値をとることを表す．すなわち，積分

$$C(x,y) = \int_{-T}^{T}\int_{-T}^{T} F_0^\phi(u,v)F_1^\phi(u,v)^* e^{2\pi i(ux+vy)} dudv$$
$$= \int_{-T}^{T}\int_{-T}^{T} e^{2\pi i\{u(x-\delta)+v(y-\epsilon)\}} dudv \tag{4.18}$$

を実行する．ここで T は十分大きくとる．もし，T をどんどん大きくすると，式 (4.18) の右辺は $x=\delta$, $y=\epsilon$ のときはどんどん大きくなるが，それ以外は有限の値にとどまることがわかる．数学的にある解釈を行うと，$T\to\infty$ のとき，式 (4.18) の積分で表される $C(x,y)$ はデルタ関数 $\delta(x-\delta,y-\epsilon)$ と同等であると見なせるようになる．実際には，式 (4.18) の積分は，u,v を離散化して離散フーリエ変換で置き換えるが，このとき $C(x,y)$ の離散近似は，$(x=\delta, y=\epsilon)$ の座標値の所でピーク値をもつパルス状の形を示す（図 **4.10**）．

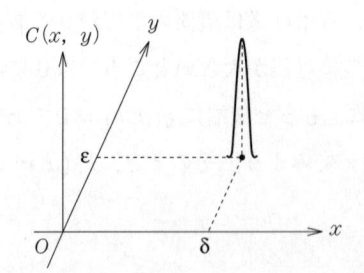

図 **4.10** $C(x,y)$ のピークが出現する平行移動量を示す座標 (δ,ϵ)

なお，背景画像 $g(x,y)$ が 0 でなければ，$\tilde{g}(u,v)$ も 0 ではないが，(u,v) が uv-平面の原点からずっと離れた遠くに行くに従って $\tilde{g}(u,v)$ の値は 0 に近くなり，したがって，式 (4.18) の被積分項は修正を受けるが，$x=\delta$, $y=\epsilon$ のとき，(u,v) の積分領域の大部分で 1 の近似値を積分することになる．つまり，図のパルスは鈍くなり，周辺には多くのピークが現れるだろうが，全体的にはやはり座標 $(x=\delta, y=\epsilon)$ でピークが見つかり，こうして平行移動量を見いだすことが期待できる．この方法を**位相限定相関法**（phase-only correlation method）という．

4.5 回転と拡大・縮小があるときのパターンマッチング

探したい対象が入力画像の中で平行移動しているばかりでなく，回転したり，拡大か縮小して映っている可能性がある場合を考える．テンプレート画像を $I_0(x,y)$，入力イメージ画像を $I_1(x,y)$ とするが，後者は前者が平行移動 $(x_\Delta, y_\Delta)^\mathrm{T}$ を受けた後，回転角 φ だけ回転し，拡大率 s で拡大（s が 1 より小さければ縮小）した画像に一致していると仮定する．すなわち，四つのパラメータ $(x_\Delta, y_\Delta, \varphi, s)$ で定められる変換

$$\begin{pmatrix} \tilde{x} \\ \tilde{y} \end{pmatrix} = s \begin{pmatrix} \cos\varphi & -\sin\varphi \\ \sin\varphi & \cos\varphi \end{pmatrix} \begin{pmatrix} x \\ y \end{pmatrix} + \begin{pmatrix} x_\Delta \\ y_\Delta \end{pmatrix} \tag{4.19}$$

のもとで

$$I_0(x,y) = I_1(\tilde{x}, \tilde{y}) \tag{4.20}$$

となるものと仮定する．

始めに，濃淡イメージ $I_0(x,y)$ のラドン変換

$$r_0(\theta, \rho) = \iint_D I_0(x,y) \delta(\rho - x\cos\theta - y\sin\theta) \mathrm{d}x \mathrm{d}y \tag{4.21}$$

を導入しよう．ここに，$\delta(z)$ はデルタ関数であり，$z=0$ のとき，$\delta(z)$ は無限大の値をもち，$z \neq 0$ のときは 0 とする．式 (4.21) の積分の意味は，与えられ

た (θ, ρ) に対して，$\rho - x\cos\theta - y\sin\theta = 0$ となる (x, y) があればその画素点の濃淡値 $I_0(x, y)$ を集積させることを表している．ここに，2次元積分の領域は D で表し，D の中で $\rho - x\cos\theta - y\sin\theta = 0$ を満足させる (x, y) は図 **4.11** に示すような P, P' を通る線分となる．この線分上の画素値 $I(x, y)$ の総和を取った値がラドン変換 $r(\theta, \rho)$ のそのときの値となる．同様に $I_1(\tilde{x}, \tilde{y})$ のラドン変換をつぎのように定義する．

$$r_1(\theta, \rho) = \iint_D I_1(\tilde{x}, \tilde{y}) \delta(\rho - \tilde{x}\cos\theta - \tilde{y}\sin\theta) \mathrm{d}\tilde{x}\mathrm{d}\tilde{y} \tag{4.22}$$

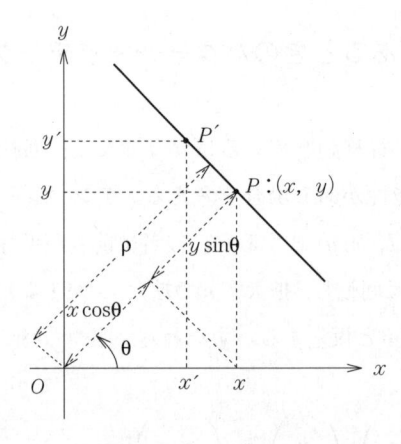

ラドン変換 $r(\theta, \rho)$ は (θ, ρ) で決まる線分（P と P' が乗る直線上）上でインテンシティ $I(x, y)$（画素の濃淡の度合い）を集めて総和させたものとなる．

図 **4.11** $I(x, y)$ のラドン変換

ところで，式 (4.22) の積分の中味はつぎのように書き直せることに注意しよう．

$$I_1(\tilde{x}, \tilde{y})\delta(\rho - \tilde{x}\cos\theta - \tilde{y}\sin\theta)\mathrm{d}\tilde{x}\mathrm{d}\tilde{y}$$
$$= I_0(x, y)\delta(\rho - \{s(x\cos\varphi - y\sin\varphi) + x_\Delta\}\cos\theta$$
$$\quad -\{s(x\sin\varphi + y\cos\varphi) + y_\Delta\}\sin\theta)\mathrm{d}\tilde{x}\mathrm{d}\tilde{y}$$
$$= I_0(x, y)\delta(\rho - x_\Delta\cos\theta - y_\Delta\sin\theta - sx\{\cos\varphi\cos\theta + \sin\varphi\sin\theta\}$$
$$\quad -sy\{-\sin\varphi\cos\theta + \cos\varphi\sin\theta\})\mathrm{d}\tilde{x}\mathrm{d}\tilde{y}$$
$$= I_0(x, y)\delta(\rho - t\cos(\theta - \kappa) - sx\cos(\theta - \varphi) - sy\sin(\theta - \varphi))\mathrm{d}\tilde{x}\mathrm{d}\tilde{y}$$

4.5 回転と拡大・縮小があるときのパターンマッチング

$$= I_0(x,y)\delta\left(\frac{\rho - t\cos(\theta - \kappa)}{s} - x\cos(\theta - \varphi) - y\sin(\theta - \varphi)\right)$$

$$\times s^2 \begin{vmatrix} \cos\varphi & -\sin\varphi \\ \sin\varphi & \cos\varphi \end{vmatrix} \mathrm{d}x\mathrm{d}y$$

$$= s^2 I_0(x,y)\delta\left(\frac{\rho - t\cos(\theta - \kappa)}{s} - x\cos(\theta - \varphi) - y\sin(\theta - \varphi)\right)\mathrm{d}x\mathrm{d}y \tag{4.23}$$

となる。ここに

$$t = \sqrt{x_\Delta^2 + y_\Delta^2}, \qquad \kappa = \tan^{-1}\left(\frac{y_\Delta}{x_\Delta}\right) \tag{4.24}$$

と定義した。また、$\delta(z)$ はデルタ関数なので、その中のスケール変換は関係がなくなることにも注意しておきたい。すなわち、$\delta(sz) = \delta(z)$ である。式 (4.23) を式 (4.22) に代入し、それを式 (4.21) と比較することにより

$$r_1(\theta,\rho) = r_0\left(\theta - \varphi, \frac{\rho - t\cos(\theta - \kappa)}{s}\right) \cdot s^2 \tag{4.25}$$

となることがわかる。そこで、さらに $r_0(\theta,\rho)$ の ρ に関するフーリエ変換をとり、その絶対値を

$$R_0(\theta,f) = \left|\int_{-\infty}^{\infty} r_0(\theta,\rho)e^{-2\pi i f\rho}\mathrm{d}\rho\right| \tag{4.26}$$

と定めよう。これをラドン変換の**パワースペクトル**と呼ぶ。このとき、$r_1(\theta,\rho)$ のパワースペクトルは、変数変換

$$\rho' = \frac{\rho - t\cos(\theta - \varphi)}{s} \tag{4.27}$$

を利用して、つぎのように書き表されることがわかる。

$$\begin{aligned}
R_1(\theta,f) &= \left|\int_{-\infty}^{\infty} r_1(\theta,\rho)e^{-2\pi i f\rho}\mathrm{d}\rho\right| \\
&= \left|\int_{-\infty}^{\infty} r_0\left(\theta - \varphi, \frac{\rho - t\cos(\theta - \varphi)}{s}\right)s^2 e^{-i2\pi f\rho}\mathrm{d}\rho\right| \\
&= \left|\int_{-\infty}^{\infty} s^2 r_0(\theta - \varphi, \rho')e^{-i2\pi f(s\rho' + t\cos(\theta - \kappa))}s\mathrm{d}\rho'\right| \\
&= s^3 R_0(\theta - \varphi, sf)
\end{aligned} \tag{4.28}$$

ここで

$$q = l_n f, \qquad \lambda = -l_n s \tag{4.29}$$

と置こう。l_n は自然対数を表すとする。こうすると $l_n(sf) = l_n s + l_n f = q - \lambda$ となるので

$$R_1(\theta, f) = s^3 R_0(\theta - \varphi, q - \lambda) \tag{4.30}$$

と表されることがわかる。ここに，$R_0(\theta, f)$ は $q = l_n f$ として

$$R_0(\theta_1, f) = R_0(\theta, q) \tag{4.31}$$

と表すこととする。そこで求めたパワースペクトルの2次元フーリエ変換

$$F_0(u, v) = \int_{-\infty}^{\infty} \int_{-\infty}^{\infty} R_0(\theta, q) e^{-2\pi i(u\theta + vq)} d\theta dq \tag{4.32}$$

を考えよう。$R_1(\theta, q)$ についても同様に考えると

$$\begin{aligned}
F_1(u, v) &= \int_{-\infty}^{\infty} \int_{-\infty}^{\infty} R_1(\theta, q) e^{-2\pi i(u\theta + vq)} d\theta dq \\
&= s^3 \int_{-\infty}^{\infty} \int_{-\infty}^{\infty} R_0(\theta - \varphi, q - \lambda) e^{-2\pi i(u(\theta' + \varphi) + v(q' + \lambda))} d\theta' dq' \\
&= s^3 e^{-2\pi i(\varphi u + \lambda v)} \int_{-\infty}^{\infty} \int_{-\infty}^{\infty} R_0(\theta', q') e^{-2\pi i(v\theta' + vq')} d\theta' dq' \\
&= s^3 e^{-2\pi i(\varphi u + \lambda v)} F_0(u, v)
\end{aligned} \tag{4.33}$$

となることがわかる。そこで，前節と同様に F_0, F_1 を振幅成分と位相成分に分け，位相成分だけを取り出す。

$$\begin{cases} F_0(u, v) = |F_0(u, v)| e^{-i\phi_0(u,v)} \\ F_1(u, v) = |s^3 F_0(u, v)| e^{-2\pi i(\varphi u + \lambda q)} e^{-i\phi_0(u,v)} \end{cases} \tag{4.34}$$

$$\begin{cases} F_0^\phi(u, v) = e^{-i\phi_0(u,v)} \\ F_1^\phi(u, v) = e^{-i\phi_0(u,v)} e^{-2\pi i(\varphi u + \lambda q)} \end{cases} \tag{4.35}$$

そこで，$R_0(\theta, q)$ と $R_1(\theta, q)$ の位相限定相互相関を求めるため，$F_1^\phi(u, v)$ と $F_0^\phi(u, v)$ の複素共役 $F_0^\phi(u, v)^*$ の積をつくって逆フーリエ変換を施すと，つぎのようになる。

$$C(\theta, q) = \int_{-\infty}^{\infty}\int_{-\infty}^{\infty} F_1^\phi(u,v) F_0^\phi(u,v)^* e^{2\pi i(u\theta + vq)} \mathrm{d}u \mathrm{d}v$$
$$= \int_{-\infty}^{\infty}\int_{-\infty}^{\infty} e^{-2\pi i(\varphi u + \lambda v)} e^{2\pi i(u\theta + vq)} \mathrm{d}u \mathrm{d}v$$
$$= \delta(\theta - \varphi, q - \lambda) \tag{4.36}$$

こうして，(θ, q) 平面上でピーク値をとる座標 $(\theta = \varphi, q = \lambda)$ を見つければ，入力画像の中の対象物に関する回転角 φ と拡大・縮小率 $s = e^{-\lambda}$ が求まることになる。

以上で述べたラドン変換，1次元フーリエ変換，2次元逆フーリエ変換はすべて離散化して行うとともに，高速フーリエ変換（FFT）を用いると，フーリエ変換に関する計算処理をかなり高速化できる。この方法は，かなり早い時期に印鑑照合に実用化された[4-5],[4-6]。

入力画像の回転角と拡大率が求まると，入力画像を φ だけ回転させ，比率 s で拡大・縮小させた画像をつくり，そこであらためてテンプレート画像とのマッチング（位相限定相関法を適用）をとって，平行移動 (x_Δ, y_Δ) を求めることができる。こうして式 (4.19) に現れる四つの未知パラメータ φ, s, x_Δ, y_Δ が定まる。

4.6　一般化ハフ変換に基づくパターンマッチング

機械による直線の認識にはハフ変換が有効であることを述べたが，曲線からなる図形にハフ変換は有効であろうか。円や楕円，その他に曲線からなる図形や，直線と曲線が組み合わさった図形の認識（というよりは，パターンマッチング）には，ハフ変換を一般化した方法を用いることができる。

図 **4.12** に示すような曲線からなるテンプレート図形を考えよう。直交する x 軸，y 軸と原点 O を適当に設定し，曲線上に任意の点 P をとり，その座標を (x, y) とし，これをエッジ点と呼ぶ。**一般化ハフ変換**（generalized Hough transform）はつぎのステップから構成される。なお，ここでは2値画像（白黒

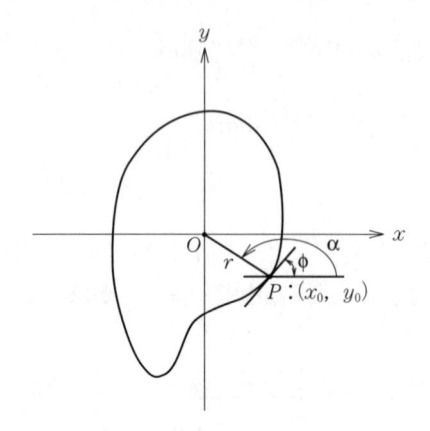

図 **4.12** 一般化ハフ変換における座標系

画像）を考えることにする。

（ステップ1）エッジ点 P から原点 O へのベクトルを極座標 (r, α) で表す。ここに，α は x 軸とこのベクトルがなす角度（radian）を表し，その符号は反時計まわりを正とする。r はベクトルの大きさである。エッジ点 P の座標を (x, y) とし，その点における曲線の方向を接線と x 軸とのなす角度（radian）$\phi(x, y)$ と定め，P を曲線上の画素点で動かして，表 4.1 のような R テーブルをつくる。ϕ_i は，接線の角度 ϕ を $(0, \pi)$ の間で離散化した値を表し，曲線上に載った画素点（エッジ点）における接線方向 $\phi(x, y)$ の値に最も近い ϕ_i の欄に，そのエッジ点から原点 O に向けたベクトルの極座標 (r, α) を登録するのである。

表 **4.1** R テーブル

ϕ	(r, α)
ϕ_1	(r_{11}, α_{11})
ϕ_2	(r_{21}, α_{21}),　(r_{22}, α_{22})
.	...
ϕ_N	(r_{N1}, α_{N1}),　(r_{N2}, α_{N2})

（ステップ2）入力画像の任意の黒色の画素（これをエッジ点と呼ぶことにする）について，その座標を (X, Y) とし，なんらかの方法で接線方向 $\phi(X, Y)$ を定め，$\phi(X, Y)$ に最も近い ϕ_i を選び，テンプレート図形からつくった R テーブル内の ϕ_i の欄に登録されているベクトルの極座標 (r_{ij}, α_{ij}) を取り出し，二

つのパラメータ (s,θ) を任意にとって，平行移動量

$$\begin{cases} u = X + s \cdot r_{ij} \cos(\alpha_{ij} + \theta) \\ v = Y + s \cdot r_{ij} \sin(\alpha_{ij} + \theta) \end{cases} \quad (4.37)$$

を求め，4次元のパラメータ空間 $P(s,\theta,u,v)$ 上に投票する。ここに，s は拡大・縮小のスケールを表すパラメータの離散化された値を表し，θ は図形の回転角（radian）の離散値を表す。これら離散化された (s,θ) のあらゆる組合せをとって (u,v) を求め，4次元空間 (s,θ,u,v) 上に投票し，濃淡化させる。

（ステップ3）パラメータ空間 $P(s,\theta,u,v)$ 上の最大得票点を探索し，最大値を与える位置を (s_m,θ_m,u_m,v_m) とすれば，拡大率 s_m，回転角 θ_m，平行移動量 (u_m,v_m) の推定量が求まる。

この三つのステップで構成されたパターンマッチング方法を一般化ハフ変換と呼ぶ。この中で，ステップ1はテンプレート図形に関する R テーブルの作成手続き，ステップ2が入力画像を全画面にわたって走査して行う投票手続き，ステップ3が開票手続きを表す。

一般化ハフ変換では，投票手続きに膨大な計算を必要とすることが予測される。これが災いして，従来はテンプレート図形が簡単で，しかも，たかだか数個程度しか想定されていない上に，入力画像ではテンプレート図形がマーカとして特徴づけられ，エッジ検出が容易にできる場合にしか応用しようがないと思われた。しかし，画像処理のハードウェア能力が急速に上がり，ソフトウェアの改良が進む中で，この方法の有効性は高まっていくものと思われる。

章 末 問 題

【1】 ピタゴラス学派は $\sqrt{2}$ が分数では表せないことを背理法で証明した。すなわち，$\sqrt{2}$ が，共通因数をもたない自然数 p, q の比 p/q で表されると仮定して，矛盾を導いた。始めに，$p/q = \sqrt{2}$ であれば，p は偶数でなければならないことを示せ。

【2】【1】に続いて，p が偶数なら，$p/q = \sqrt{2}$ を満たす q も偶数でなければならな

いことを示せ．この結果，p と q は共通因子として2をもち，矛盾が導かれた．

【3】図4.4において，原点 O から直線 L_P 上に垂線を降ろしたときの交点を R とし，その座標を (ξ, η) とすると，つぎの式が成立することを示せ．

$$\xi^2 + \eta^2 = x_P \xi + y_P \eta \tag{4.38}$$

ヒント：図4.4で点 Q は座標 (ξ_0, η_0) で表されるとし，線分 $\overline{OP}$ を直径とし，点 O, Q, R を通る円をつくってみよ．

【4】式(4.38)において，$\xi = \rho\cos\theta$, $\eta = \rho\sin\theta$ とおけば，式(4.3)が導けることを示せ．

【5】式(4.8)〜(4.10)で定義したハウスドルフ距離 $H(A, B)$ が距離（metric）の公理系(1)〜(3)を満たすことを証明せよ．

【6】式(4.19)は，固定した四つのパラメータ $(s, \varphi, x_\Delta, y_\Delta)$ で定まる点 (x, y) から点 $(\tilde{x}, \tilde{y})$ への写像と見なすことができる．その逆写像となる点 $(\tilde{x}, \tilde{y})$ から点 (x, y) への写像を表す式を示せ．

【7】式(4.37)は式(4.19)と同じことを表していることを確かめよ．具体的には，式(4.19)の (x, y) を $r_{ij}(\cos\alpha_{ij}, \sin\alpha_{ij})$ で表し，φ を θ, $(x_\Delta, y_\Delta)^T$ を $(X, Y)^T$, $(\tilde{x}, \tilde{y})^T$ を $(u, v)^T$ とそれぞれ書き換えると，式(4.19)は式(4.37)に帰着することを示せ．

5 ロボットの運動の基本原理

　多数の関節を介して連結したリンク機構から構成されるロボットの運動は，人間の筋骨格系についても同様なのだが，ラグランジュの運動方程式で支配される．ロボットの特徴である多関節性と関節の多くが回転型であることから，その運動方程式は複雑になり，非線形かつ関節間に強い干渉が存在し得る．したがって，どのように制御系を設計したらロボットが巧みさを発揮し得るか，容易には思いつきそうにない．人の身体運動についても，脳がどのような指令を出し，筋活動を起こしているか詳細には解明されていないので，ロボット制御は本当のところ，いまだに手探りの状況である．従来，産業用ロボットでは，ティーチングプレイバックという方式を使うことで制御問題を回避してきたし，ロボット研究では，ラグランジュの運動方程式をコンピュータの力で高速計算し，必要なトルク入力を求め，力ずくでトルク制御してきた．しかし，これらの方向は，巧みさを備えたロボットの創造につながらないように思える．他方，人間の運動は，練習を重ねると驚くべきほどの巧みさを発揮する．アコーディオンやバイオリンの奏者の両手，両腕の絶妙な手さばきや，手品師の目にもとまらぬ手指の動きは，神がかりのように思える．ロボットの手や腕にこれほどの巧みさを機能させる道はあるのだろうか．そのような道標となる基本的な物理原理はあり得るのだろうか．この章は，多関節回転運動の最も基礎的な制御法となるPD制御法の入門とし，6章以降の議論の展開に備える．

5.1 ニュートンの運動の法則

ロボットの運動はニュートンの運動の法則によって支配されている。人間の手足や身体の運動も人体内部の細部にわたる動きは別にして，筋骨格系と見なすときはニュートンの運動の法則に従う。そこで，よく知られた運動に関する三つの法則を以下に書き出しておく。

ニュートンの第1法則　物体は外力の作用を受けないかぎり，静止しているか，等速運動を続ける（ゼロ加速度を意味する）。

ニュートンの第2法則　物体の運動量の変化率はそれに作用した力に比例し，力の方向にきく。

ニュートンの第3法則　二つの物体のたがいに及ぼし合う力は両者を結ぶ直線上に働き，その大きさは等しく，向きは反対である。

第1法則は慣性の法則と呼ばれ，元来はガリレオによって見いだされた。このことは，一様でない運動には力が働いていることを示唆しており，これによって力の概念が導入された。なお，ニュートンの法則が物理的に首尾一貫性を保つためには，加速度をもたないような基本座標系が必要である。このような座標系を慣性座標系という。以後，ベクトルは太字で表すこととする。

第2法則は力の定量的な定義を与える。これは

$$\boldsymbol{f} = K\frac{\mathrm{d}}{\mathrm{d}t}(m\boldsymbol{v}) = Km\frac{\mathrm{d}}{\mathrm{d}t}\boldsymbol{v} = Km\boldsymbol{a}$$

と表される。ここに，第2と第3の等式では質量が一定であると仮定した。この式で K は比例定数であるが，力 $\boldsymbol{f}$ の単位を決めるには $K=1$ となることが望ましい。国際単位系 (SI) では質量 m をキログラム (kg)，加速度 $\boldsymbol{a}$ を m/s^2，力 $\boldsymbol{f}$ をニュートン (N) の単位で与える。1N は 1kg の質量に 1m/s^2 の加速度を与えるに等しい力を意味し

$$1\,\mathrm{N} = 1\,\mathrm{kg} \times 1\,\mathrm{m/s^2} = 1\,\mathrm{kgm/s^2}$$

と書かれる。この国際単位系を用いると

$$\frac{\mathrm{d}}{\mathrm{d}t}(m\boldsymbol{v}) = \boldsymbol{f} \tag{5.1}$$

と表される．これを運動方程式という．質量が一定の質点の運動方程式は

$$m\boldsymbol{a} = \boldsymbol{f} \tag{5.2}$$

と書くことができる．

第3法則は数学的には

$$\boldsymbol{f}_{12} = -\boldsymbol{f}_{21} \tag{5.3}$$

と表現できる．ここに，$\boldsymbol{f}_{12}$ は物体2が物体1に及ぼす力を表し，$\boldsymbol{f}_{21}$ は物体2が物体1に及ぼす力を表す．この法則は**運動量の保存則**の基礎を与える．

最も簡単な例題として，質量 m の物体を地上からの高さが h である地点から水平方向に初速度 v で投げたときの運動を考えよう．物体はその質量中心（その定義は後で与える）に質量 m が集まった質点と考えて，その投げた方向を含むような xy 平面（垂直平面，vertical plane）を図 **5.1** のようにとる．物体の位置ベクトルを $\boldsymbol{r} = (x, y)^\mathrm{T}$ で表し，重力加速度ベクトルを $\boldsymbol{g} = (0, -g)^\mathrm{T}$ で表す．ここに，g は重力定数 $9.8\,\mathrm{m/s^2}$ である．ベクトルは，断らない限り，縦ベクトルとするので，横書きに (x, y) と書いて，その転置 "T" をとると縦書きになるものと約束する．図に示すように，質量 m には重力のみが作用しているので，式 (5.1) に対応する運動方程式は

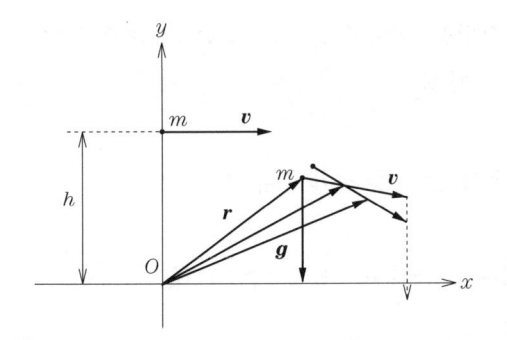

図 **5.1** ニュートンの運動の法則：第 2 法則

$$m\ddot{\boldsymbol{r}} = m\boldsymbol{g} = m \begin{pmatrix} 0 \\ -g \end{pmatrix} \tag{5.4}$$

と書ける。ここに，$\dot{\boldsymbol{r}} = \mathrm{d}\boldsymbol{r}/\mathrm{d}t = (\dot{x},\dot{y})^{\mathrm{T}}$ は速度ベクトルを表し，$\ddot{\boldsymbol{r}} = \mathrm{d}^2\boldsymbol{r}/\mathrm{d}t^2 = (\ddot{x},\ddot{y})^{\mathrm{T}}$ は加速度ベクトルを表す。式 (5.4) の x 成分は $m\ddot{x} = 0$ を示し，y 成分は $m\ddot{y} = -mg$ を示す。いま，初速度

$$\boldsymbol{v}(0) = \dot{\boldsymbol{r}}(0) = (\dot{x}(0),\dot{y}(0))^{\mathrm{T}} = (v, 0)$$

とすると

$$m\ddot{x} = 0 \quad \to \quad \dot{x} = c \quad \to \quad \dot{x}(0) = c$$

となるので，$c = v$ でなければならず，$x(t) = vt$ と求まる。同様に

$$m\ddot{y} = -mg \quad \to \quad \dot{y} = -gt + c_1 \quad \to \quad \dot{y}(0) = c_1 = 0$$

でなければならないが，このことから

$$y(t) = -\frac{g}{2}t^2 + c_2$$

と求まり，初期条件 $y(0) = h$ より $c_2 = h$ となり，こうして

$$x(t) = vt, \quad y(t) = -\frac{g}{2}t^2 + h \tag{5.5}$$

となり，時間 t の推移とともに物体が動く様が記述できた。物体の運動は，xy 平面上で，点 $(x(t), y(t))$ の t を増加させることによって動く曲線で表され，それを運動の**軌跡**（trajectory）と呼ぶ。

5.2　仕事とポテンシャルエネルギー

質点 m が力 $\boldsymbol{f}$ を受けて微小変位 $\delta\boldsymbol{r}$ を起こしたとき，内積

$$\delta W = \boldsymbol{f}^{\mathrm{T}}\delta\boldsymbol{r} \tag{5.6}$$

を**仕事の増分**という．もし，一定の力 $\boldsymbol{f}$ のもとに，その方向と θ の角度をなす一定の向きに r だけ変位したとき

$$W = \boldsymbol{f}^{\mathrm{T}}\boldsymbol{r} = fr\cos\theta \tag{5.7}$$

と定義する．一般には，質点の動く軌道も力も場所によって変化する．例えば，図 **5.2** のように点 P から点 Q まで動いたとき，受ける力も場所とともに $\boldsymbol{f}(\boldsymbol{r})$ のごとく変化するものとすれば，点 P から点 Q までになされた**仕事**は

$$W(P \to Q) = \int_P^Q \boldsymbol{f}^{\mathrm{T}}(\boldsymbol{r})\mathrm{d}\boldsymbol{r} \tag{5.8}$$

と定義される．なお，この積分は力 $\boldsymbol{f}(\boldsymbol{r})$ の変位の方向に関する成分と，変位の大きさとの積を集めたものを意味する．

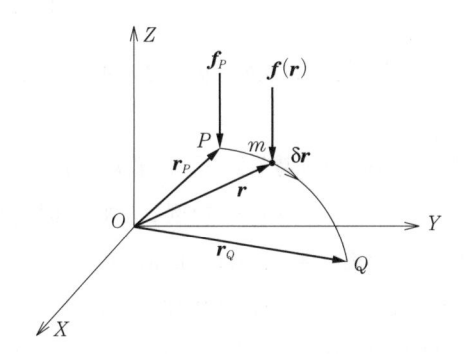

図 5.2 質点 m が力 $\boldsymbol{f}(\boldsymbol{r})$ を受けて点 P から点 Q に移動

仕事の単位としては，1 N の力が 1 m の変位の間になした仕事を 1 ジュール（J）として選ぶ．また

$$P = \frac{\mathrm{d}W}{\mathrm{d}t} \tag{5.9}$$

を**仕事率**といい，単位は 1 ワット（1 W=1 J/s）で定義される．

仕事率から仕事を

$$W(t_1 \to t_2) = \int_{t_1}^{t_2} P(t)\mathrm{d}t \tag{5.10}$$

として求めることもできる．質点 m が力 $\boldsymbol{f}$ を受けて自由運動しているとき，運動方程式 $\boldsymbol{f} = m\mathrm{d}\boldsymbol{v}/\mathrm{d}t$ が成立するので

$$W(P \to Q) = m \int_P^Q \frac{\mathrm{d}}{\mathrm{d}t} \boldsymbol{v}^\mathrm{T} \cdot \mathrm{d}\boldsymbol{r} \tag{5.11}$$

と書くこともできる．この式に $\mathrm{d}\boldsymbol{r} = \dot{\boldsymbol{r}}\mathrm{d}t = \boldsymbol{v}\mathrm{d}t$ を代入して変形すれば

$$m \int_P^Q \frac{\mathrm{d}}{\mathrm{d}t} \boldsymbol{v}^\mathrm{T} \mathrm{d}\boldsymbol{r} = m \int_{t(P)}^{t(Q)} \frac{\mathrm{d}\boldsymbol{v}^\mathrm{T}}{\mathrm{d}t} \boldsymbol{v}\mathrm{d}t = \frac{m}{2} \int_{t(P)}^{t(Q)} \left(\frac{\mathrm{d}}{\mathrm{d}t}|\boldsymbol{v}|^2 \right) \mathrm{d}t$$
$$= \frac{m}{2} \left(|\boldsymbol{v}_Q|^2 - |\boldsymbol{v}_P|^2 \right) \tag{5.12}$$

となる．ここに，$t(P)$ は質点が点 P にあるときの時刻を表し，$t(Q)$ も同様である．式 (5.11) と式 (5.12) より

$$W(P \to Q) = \int_P^Q \boldsymbol{f}^\mathrm{T} \mathrm{d}\boldsymbol{r} = \frac{1}{2}m|\boldsymbol{v}_Q|^2 - \frac{1}{2}m|\boldsymbol{v}_P|^2$$
$$= K_Q - K_P \tag{5.13}$$

となる．この式は，"自由質点がなした仕事はその質点の運動エネルギーの変化に等しい" ことを示している．

空間のある領域で力 $\boldsymbol{f}$ が任意の位置 $\boldsymbol{r}$，速度 $\boldsymbol{v}$，時刻 t の関数 $\boldsymbol{f}(\boldsymbol{r}, \boldsymbol{v}, t)$ として定まっているとき，その領域を力の場という．そのような例としては電場や磁場があるが，ロボットの運動では，普通，**重力場** (gravity field) のみを考慮すればよい．地上から高さ $z = h$ のところにある質量 m の物体が地面 ($z = 0$) に落ちる場合 (図 **5.3**)，地球の重力によって力 $\boldsymbol{f} = m\boldsymbol{g} = m(0, 0, -g)^\mathrm{T}$ が働くので，重力によってなされた仕事は

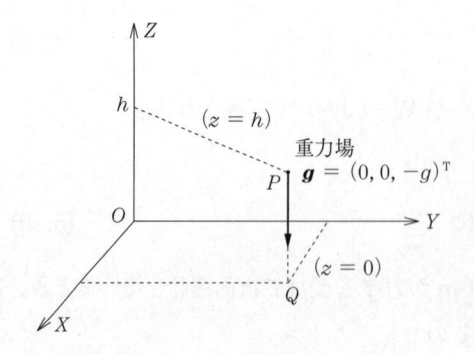

図 **5.3** 質点 P が重力を受けてなした仕事

5.2 仕事とポテンシャルエネルギー

$$W(h \to 0) = (m\boldsymbol{g})^{\mathrm{T}}\boldsymbol{r} = m(0,0,-g)\begin{pmatrix} 0 \\ 0 \\ h \end{pmatrix} = mgh \tag{5.14}$$

となる。

仕事の定義式の積分は，点 P から点 Q への軌道に沿って行われる。この積分が途中のパス（path）に無関係で，始点 P と終点 Q のみで定まるとき，その力を**保存力**（conservative force）という。幸いにも重力も保存力である。

保存力によってなされる仕事は，始点 P と終点 Q のみの関数である。そこで，一般にある標準点（重力場のときはしばしば地面上にとる）をとって P とし，P から任意の点 A までのなした仕事として決められる量

$$U(\boldsymbol{r}_A) = -\int_P^A \boldsymbol{f}^{\mathrm{T}}\mathrm{d}\boldsymbol{r} \tag{5.15}$$

を**ポテンシャルエネルギー**（あるいは単に**ポテンシャル**）と呼ぶ。この定義から，標準点 P では $U(\boldsymbol{r}_P) = 0$ であるが，標準点 P の選び方は一意的ではない。しかし，ほかの任意の点 Q を標準点に選んだとしても，ポテンシャル $U(\boldsymbol{r}_Q)$ の値は定数だけずれるのみなので，以下の議論では問題にならないことが多い。

ポテンシャルの定義から，無限小の変位 $\mathrm{d}\boldsymbol{r}$ に対して

$$U(\boldsymbol{r}+\mathrm{d}\boldsymbol{r}) - U(\boldsymbol{r}) = -\int_{\boldsymbol{r}}^{\boldsymbol{r}+\mathrm{d}\boldsymbol{r}} \boldsymbol{f}^{\mathrm{T}}\mathrm{d}\boldsymbol{r} = -\boldsymbol{f}^{\mathrm{T}}\mathrm{d}\boldsymbol{r} \tag{5.16}$$

となる。このことは式

$$\boldsymbol{f} = -\left(\frac{\partial U}{\partial x}, \frac{\partial U}{\partial y}, \frac{\partial U}{\partial z}\right)^{\mathrm{T}} = -\left(\frac{\partial U}{\partial \boldsymbol{r}}\right) \tag{5.17}$$

が成立することを意味する。すなわち，ポテンシャルの負の勾配（gradient）は力に等しい。

最後に，ポテンシャルと運動エネルギーとの関係について述べておこう。自由運動している質点 m にニュートンの第 2 法則を適用すると，式 (5.17) は

$$m\frac{\mathrm{d}^2}{\mathrm{d}t^2}\boldsymbol{r} = -\left(\frac{\partial U}{\partial x}, \frac{\partial U}{\partial y}, \frac{\partial U}{\partial z}\right)^{\mathrm{T}} = -\left(\frac{\partial U}{\partial \boldsymbol{r}}\right) \tag{5.18}$$

と表される。この式と $\boldsymbol{v} = \mathrm{d}\boldsymbol{r}/\mathrm{d}t$ の内積をとると

$$\frac{\mathrm{d}}{\mathrm{d}t}\left\{\frac{1}{2}m\left\|\frac{\mathrm{d}}{\mathrm{d}t}\boldsymbol{r}\right\|^2\right\} = -\left(\frac{\partial U}{\partial \boldsymbol{r}}\right)^{\mathrm{T}}\dot{\boldsymbol{r}} \tag{5.19}$$

を得る。ここに $\|\ \|$ はベクトルのユークリッドノルムを表す。ここで

$$\frac{\mathrm{d}}{\mathrm{d}t}U(\boldsymbol{r}) = \left(\frac{\partial U}{\partial \boldsymbol{r}}\right)^{\mathrm{T}}\dot{\boldsymbol{r}} \tag{5.20}$$

と表されることに注意すれば，式 (5.19) は

$$\frac{\mathrm{d}}{\mathrm{d}t}\left(\frac{1}{2}m\|\boldsymbol{v}\|^2 + U\right) = 0 \tag{5.21}$$

を意味することがわかる。これを積分すると

$$\frac{1}{2}m\|\boldsymbol{v}\|^2 + U(\boldsymbol{r}) = E = \mathrm{const.} \tag{5.22}$$

となる。左辺第1項は質点の**運動エネルギー**を表す。こうして，運動エネルギーとポテンシャルエネルギーの和（これを全エネルギーといって E で表す）が一定であることが導かれた。これを**力学的エネルギーの保存則**という。

5.3　1自由度系の運動

今度は図 **5.4** に示すような振子の運動を考えよう。ピボット O から伸びてい

$\boldsymbol{g}$：重力加速度ベクトル

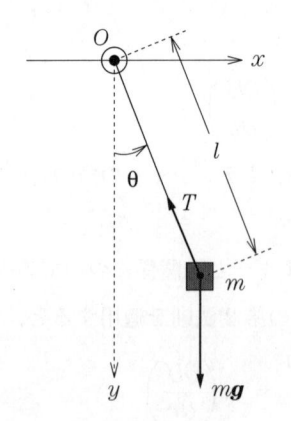

図 **5.4**　振子の運動

る糸の先端に質量 m のおもりがつるされているが，それが O からの長さ l の点に質量が集中しているとし，これを質点と考える．おもりの質量中心の位置はベクトル $\boldsymbol{r} = (x, y)^{\mathrm{T}}$ で表されるが，その値や，速度ベクトル，加速度ベクトルはつぎのようになることをまず確かめよう．

$$
\begin{cases}
\boldsymbol{r} = (x, y)^{\mathrm{T}} = (l\sin\theta, l\cos\theta)^{\mathrm{T}} = l(\sin\theta, \cos\theta)^{\mathrm{T}} \\
\boldsymbol{v} = \dot{\boldsymbol{r}} = l\dot{\theta}(\cos\theta, -\sin\theta)^{\mathrm{T}} \\
\boldsymbol{a} = \dot{\boldsymbol{v}} = \ddot{\boldsymbol{r}} = l\ddot{\theta}(\cos\theta, -\sin\theta)^{\mathrm{T}} - l\dot{\theta}^2(\sin\theta, \cos\theta)^{\mathrm{T}}
\end{cases}
$$

おもりに作用する力は，糸の張力（その大きさを T とせよ）の方向と重量の方向にあり，それぞれ

$$
\boldsymbol{f} = m(0, g)^{\mathrm{T}} = m\boldsymbol{g}, \quad \boldsymbol{T} = -T(\sin\theta, \cos\theta)^{\mathrm{T}}
$$

と表される．したがって，ニュートンの運動の第 2 法則 $m\boldsymbol{a} = \boldsymbol{f}$ より，式

$$
\begin{aligned}
ml\ddot{\theta}(\cos\theta, -\sin\theta)^{\mathrm{T}} &- ml\dot{\theta}^2(\sin\theta, \cos\theta)^{\mathrm{T}} \\
&= m(0, g)^{\mathrm{T}} - T(\sin\theta, \cos\theta)^{\mathrm{T}}
\end{aligned} \tag{5.23}
$$

が成立する．この両辺とベクトル $(\cos\theta, -\sin\theta)^{\mathrm{T}}$ との内積をとると

$$
ml\ddot{\theta} = -mg\sin\theta \tag{5.24}
$$

となり，これは次式に帰着する．

$$
\ddot{\theta} + (g/l)\sin\theta = 0 \tag{5.25}
$$

あるいは，$\omega = \sqrt{g/l}$ と置いて，この方程式は

$$
\ddot{\theta} + \omega^2 \sin\theta = 0 \tag{5.26}
$$

と表される．振子が大きく振れないとき，すなわち $|\theta| \ll 1$ のとき，$\sin\theta \approx \theta$ と近似して，式 (5.26) はつぎの 2 次の線形微分方程式で近似される．

$$
\ddot{\theta} + \omega^2 \theta = 0 \tag{5.27}
$$

この方程式は，$\sin\omega t$ と $\cos\omega t$ の線形結合で表される一般解

$$\theta(t) = A\sin\omega t + B\cos\omega t \tag{5.28}$$

をもち，初期条件 $\theta(0) = a$, $\dot{\theta}(0) = b$ を与えると，係数 A, B が一意に決まる。

ロボットの運動を表す微分方程式は，一般には，解析力学で学ぶラグランジュの運動方程式によって導くのが便利であり，また，その形式から運動に関する重要で基本的な原理を導くことができる。**ラグランジュの方程式**を導く方法を，上述の振子を例にとって説明しておこう。まず，図の振子の運動エネルギー K とポテンシャルエネルギー U を求めると

$$\begin{cases} K = \dfrac{1}{2}m(\dot{x}^2 + \dot{y}^2) = \dfrac{1}{2}m(l\dot{\theta})^2 \\ U = mgl(1 - \cos\theta) \end{cases}$$

となることがわかる。そこで，**ラグランジアン**を

$$L = K - U \tag{5.29}$$

と定義する。具体的に書き表すと

$$L = \frac{1}{2}m(l\dot{\theta})^2 - mgl(1 - \cos\theta) \tag{5.30}$$

となる。ラグランジュの運動方程式は

$$\frac{\mathrm{d}}{\mathrm{d}t}\left(\frac{\partial L}{\partial \dot{\theta}}\right) - \frac{\partial L}{\partial \theta} = 0 \tag{5.31}$$

と表される。これを具体的に求めると

$$\frac{\partial L}{\partial \dot{\theta}} = ml^2\dot{\theta}, \quad \frac{\partial L}{\partial \theta} = -mgl\sin\theta \tag{5.32}$$

となるので，これらを式 (5.31) に代入して，運動方程式

$$ml^2\ddot{\theta} + mgl\sin\theta = 0 \tag{5.33}$$

が求まる。両辺を mgl で割れば，それはニュートンの運動の第 2 法則で求めた微分方程式 (5.26) に帰着する。

解析力学に基づくラグランジュの方程式には，もっと本質的な力学的内容を含み得る．図の振子の問題では，可動変数として θ のみを用いて運動方程式を導いたが，今度はカーテシアン座標系 (x, y) を用いてラグランジュの方程式を記述してみよう．そのとき，運動エネルギーとポテンシャルエネルギーはつぎのように表される．

$$K = \frac{m}{2}(\dot{x}^2 + \dot{y}^2), \quad U = mg(l - y) \tag{5.34}$$

ところで，おもりの運動は O を中心とした半径 l の円周上に拘束されている．すなわち，拘束式

$$h(x, y) = \sqrt{x^2 + y^2} - l = 0 \tag{5.35}$$

が成立している．これを**ホロノミック拘束**と呼ぶが，この式にラグランジュの乗数と呼ばれる量 λ を対応させ，$h(x, y)$ に乗じてラグランジアンに加えたものをあらためて

$$L = K - U + \lambda h(x, y) \tag{5.36}$$

と置いてみる．このとき

$$\frac{\partial L}{\partial x} = \lambda \frac{\partial h}{\partial x} = \lambda \frac{x}{\sqrt{x^2 + y^2}} = \lambda l^{-1} x, \quad \frac{\partial L}{\partial y} = mg + \lambda l^{-1} y \tag{5.37}$$

となるので，ラグランジュの運動方程式

$$\frac{\mathrm{d}}{\mathrm{d}t}\left(\frac{\partial L}{\partial \dot{x}}\right) - \frac{\partial L}{\partial x} = 0, \quad \frac{\mathrm{d}}{\mathrm{d}t}\left(\frac{\partial L}{\partial \dot{y}}\right) - \frac{\partial L}{\partial y} = 0 \tag{5.38}$$

にこれらを代入すれば

$$\begin{cases} m\ddot{x} = \lambda l^{-1} x \\ m\ddot{y} - mg = \lambda l^{-1} y \end{cases} \tag{5.39}$$

となる．上式に $x = l\sin\theta$, $y = l\cos\theta$ を代入してベクトル形式でまとめると

$$ml\ddot{\theta} \begin{pmatrix} \cos\theta \\ -\sin\theta \end{pmatrix} - ml\dot{\theta}^2 \begin{pmatrix} \sin\theta \\ \cos\theta \end{pmatrix} - m \begin{pmatrix} 0 \\ g \end{pmatrix}$$

$$= \lambda \begin{pmatrix} \sin\theta \\ \cos\theta \end{pmatrix} \tag{5.40}$$

となる．この式と $(\cos\theta, -\sin\theta)^{\mathrm{T}}$ との内積をとると

$$ml\ddot{\theta} + mg\sin\theta = 0 \tag{5.41}$$

となり，これを ml で割ると式 (5.25) に帰着する．他方，式 (5.40) とベクトル $(\sin\theta, \cos\theta)^{\mathrm{T}}$ との内積をとると

$$\lambda = -ml\dot{\theta}^2 - mg\cos\theta \tag{5.42}$$

を得る．右辺の量は糸がおもりによって引っ張られている力を表し，その反対向きの力が糸の張力を表す．なお，式 (5.42) の右辺の第 1 項は遠心力を表すことは，力学を勉強した読者にはすぐに了解できよう．

5.4　剛体の回転運動と慣性モーメント

今度は，昔の家（明治から昭和 40 年代ごろまで）でよく見られた**図 5.5** に示すような柱時計の振子運動を考えよう．柱時計の振子はある厚さをもつ金属板と考え，ピボット O を紙面に垂直に貫く回転軸（z 軸）とし，そのまわりで回転しているとする．振子の任意の二つの点 P，Q を考えると，運動を起こしてもその相対位置関係は変わらない．このような物体を**剛体**（rigid body）とい

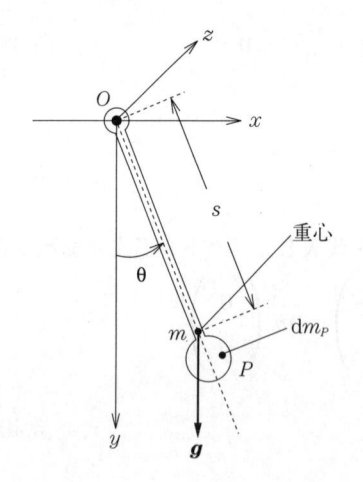

z 軸は紙面に垂直に裏側に向かっている．

図 5.5　複振子

う。また，点 O を貫く z 軸まわりの回転によって，振子（剛体）上の任意の点はすべて同じ角速度 $\dot{\theta}$ でもって z 軸まわりを回転する。したがって，点 P の微小質量 $\mathrm{d}m$ を考えると，その運動エネルギーは

$$\mathrm{d}K_P = \frac{1}{2}\left(\|\boldsymbol{r}_{PO}\|\dot{\theta}\right)^2 \mathrm{d}m_P = \frac{\dot{\theta}^2}{2}\|\boldsymbol{r}_{PO}\|^2 \mathrm{d}m_P \tag{5.43}$$

となる。ここに $\boldsymbol{r}_{PO}$ は O を起点とし P を終点とする点 P の位置ベクトルを表し，したがって $\|\boldsymbol{r}_{PO}\|$ はベクトル $\overrightarrow{OP}$ の長さ（大きさ）を表す。そこで，この微小質量に関する運動エネルギーを振子全体で合計するには，$\dot{\theta}$ は点 P にかかわらずまったく同じなので，振子のボリューム全体に P を動かして体積積分した式

$$K = \frac{\dot{\theta}^2}{2}\int_V \|\boldsymbol{r}_{PO}\|^2 \mathrm{d}m_P = \frac{1}{2}I_Z\dot{\theta}^2 \tag{5.44}$$

で表せばよいはずである。ここに

$$I_Z = \int_V \|\boldsymbol{r}_{PO}\|^2 \mathrm{d}m_P \tag{5.45}$$

と定義し，これを振子の点 O を貫く z 軸まわりの**慣性モーメント**という。慣性モーメントは物理単位として kgm^2 をもつことに注意しておきたい。

つぎに，振子の質量中心を求める。全体の質量 m は，点 P における微小質量 $\mathrm{d}m_P$ の集まりであるから，体積積分して

$$m = \int_V \mathrm{d}m_P \tag{5.46}$$

と表せよう。そして

$$\boldsymbol{r}_{CO} = \frac{\int_V \boldsymbol{r}_{PO}\mathrm{d}m_P}{m} \tag{5.47}$$

で表されるベクトル $\boldsymbol{r}_{CO}$ を**質量中心**と呼ぶが，これは点 O を起点とするベクトルでその先端位置が剛体の現在の質量中心の位置を表す。もちろん，剛体は任意の 2 点間の相対位置関係が変わらないので，剛体の質量中心は起点 O をどこに選んでも，ベクトル $\boldsymbol{r}_{CO}$ の先端は剛体中の同一の点に来ることに注意し

ておく．図の剛体振子（これを**複振子**という）の場合，r_{CO} は xy 平面上にあると仮定し，y 軸と r_{CO} とのなす角を θ で表す．ただし，θ の正負の符号は y 軸から回転を始めて中心 O を左側に見るとき正にとり，右側に見るときを負にとる．以上の準備のもとに，ベクトル r_{CO} の大きさを s とすると，すなわち $\|r_{CO}\| = s$ と置くと，振子のポテンシャルエネルギーは

$$U = mgs(1 - \cos\theta) \tag{5.48}$$

と表される．こうして，ラグランジアンは

$$L = K - U = \frac{1}{2} I_Z \dot{\theta}^2 + mgs(1 - \cos\theta) \tag{5.49}$$

となる．この場合も，当然ではあるが，式 (5.31) と同じ形式のラグランジュの方程式が成立し，$\partial L/\partial \dot{\theta} = I_Z \dot{\theta}$，$\partial L/\partial \theta = -mgs\sin\theta$ となるので，運動方程式

$$I_Z \ddot{\theta} + mgs\sin\theta = 0 \tag{5.50}$$

を得る．

5.5 変分原理とエネルギー保存則

ロボットは複数個の剛体を関節を通じて連鎖させて構成する．人体モデルも人体の各部分を剛体と見立て，関節を通じて連鎖しているとして作られる．人体では関節はほとんどが回転であるが，ロボットを造るときは，スライド関節を含めることもできよう．回転を表す角度 θ は，ラジアン（radian）で表すとき，無次元量であるが，スライド軸は直線運動を起こすので，その変動を表す物理量 x はメートル（m）の単位で表す．可動関節がこのように，物理単位元を異にする例として図 5.6 の動くカート上に倒立させた振子の運動を考えよう．この例では，可動変数として，振子の角度 θ 〔radian〕とカートの位置 x 〔m〕を取るのが最も自然であろう．そのとき，カート上のピボット O' まわりで回転する棒を複振子と見て，その O' まわりの慣性モーメントを I とすると，棒の回転エネ

5.5 変分原理とエネルギー保存則

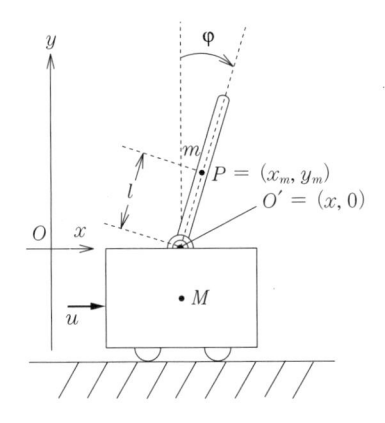

図 5.6 カート上の倒立振子

ギーは $(1/2)I\dot\varphi^2$ と表される．また，棒の質量中心 P の (x,y) 座標を (x_m, y_m) とすると，質量中心の並進運動に関する運動エネルギーは $(1/2)(\dot x_m^2 + \dot y_m^2)$ となり，また，カートの運動エネルギーは $(1/2)M\dot x^2$ となる．こうして，全体系の運動エネルギーは

$$K = \frac{1}{2}\left\{M\dot x^2 + I\dot\varphi^2 + m\dot x_m^2 + m\dot y_m^2\right\} \tag{5.51}$$

となる．また，複振子の質量中心とピボット O' を結ぶ直線は xy 平面にあって，その長さ（$\overrightarrow{OP}$ の大きさ）を l とすれば，複振子の運動エネルギーは

$$U = mlg(1 + \cos\varphi) \tag{5.52}$$

となる．ここに棒の先端が真下を向くとき，すなわち $\varphi = \pi$ あるいは $-\pi$ のとき，$U = 0$ となるように U の定数部分を選んだ．図から $x_m = x + l\sin\varphi$，$y_m = l\cos\varphi$ と表されるので，それらを時間微分して式 (5.51) に代入すれば

$$K = \frac{1}{2}\left\{M\dot x^2 + I\dot\varphi^2 + ml^2\dot\varphi^2 + m\dot x^2 + 2ml\dot x\dot\varphi\cos\varphi\right\} \tag{5.53}$$

となる．ラグランジアンは $L = K - U$ である．

ここで，位置を表す物理変数の組 φ, x を並べて，これをベクトル $\boldsymbol{q} = (\varphi, x)^{\mathrm{T}}$ と表してみよう．φ と x の物理単位は異なるが，この組合せは図 5.6 の運動を表現するのにぴったりしている．このような位置ベクトルを，**一般化位置座標**

(generalized position coordinates) と呼ぶ．その微分 $\dot{\boldsymbol{q}} = (\dot{\varphi}, \dot{x})^{\mathrm{T}}$ は**一般化速度ベクトル**という．また図 5.6 の物理系にはカートを押す力 u が x 方向に外力として加わっているものとすると，カーテシアン座標系で書くとベクトル $u\boldsymbol{e}_x$ となる．ここに $\boldsymbol{e}_x$ は x 軸方向を表す単位ベクトルである．一般に外力 $\boldsymbol{F}$ がカーテシアン座標系 $\boldsymbol{x} = (x, y, z)^{\mathrm{T}}$ に基づいて $\boldsymbol{F} = (F_x, F_y, F_z)^{\mathrm{T}}$ と表されたとき，ラグランジュの運動方程式は

$$\frac{\mathrm{d}}{\mathrm{d}t}\left(\frac{\partial L}{\partial \dot{\boldsymbol{q}}}\right) - \left(\frac{\partial L}{\partial \boldsymbol{q}}\right) = J^{\mathrm{T}}(\boldsymbol{q})\boldsymbol{F} \tag{5.54}$$

と表される．ここに $\partial L/\partial \dot{\boldsymbol{q}}$ や $\partial L/\partial \boldsymbol{q}$ は $\partial L/\partial \dot{q}_i$ や $\partial L/\partial q_i$ を第 i 座標とする縦ベクトルであり，$J^{\mathrm{T}}(\boldsymbol{q})$ はつぎのようなヤコビアン行列の転置を表す．

$$J(\boldsymbol{q}) = \begin{pmatrix} \dfrac{\partial x}{\partial q_1}, & \dfrac{\partial x}{\partial q_2}, & \cdots, & \dfrac{\partial x}{\partial q_n} \\ \dfrac{\partial y}{\partial q_1}, & \dfrac{\partial y}{\partial q_2}, & \cdots, & \dfrac{\partial y}{\partial q_n} \\ \dfrac{\partial z}{\partial q_1}, & \dfrac{\partial z}{\partial q_2}, & \cdots, & \dfrac{\partial z}{\partial q_n} \end{pmatrix} \tag{5.55}$$

論理的には話の順序は逆で，一般化座標に関する微小変位 $\delta\boldsymbol{q} = (\delta q_1, \cdots, \delta q_n)^{\mathrm{T}}$ を考えるとき，仮想仕事の原理か，変分法によって導ける式

$$\int_{t_1}^{t_2} \left\{\delta L(\boldsymbol{q}, \dot{\boldsymbol{q}}, t) + \boldsymbol{Q}^{\mathrm{T}}\delta\boldsymbol{q}\right\} \mathrm{d}t = 0 \tag{5.56}$$

から，ラグランジュの運動方程式 (5.54) が導かれる．ここに式 (5.56) は任意の時間区間 $[t_1, t_2]$ と L の任意の微小変位のもとに成立することを表しており，これを変分原理あるいはハミルトンの原理という．ここにベクトル $\boldsymbol{Q}$ は

$$\boldsymbol{Q} = J^{\mathrm{T}}(\boldsymbol{q})\boldsymbol{F} \tag{5.57}$$

と表される．これはカーテシアン座標系で表される微小変位 $\delta\boldsymbol{x}$ が一般化位置ベクトルの微小変位 $\delta\boldsymbol{q}$ によって

$$\delta\boldsymbol{x} = J(\boldsymbol{q})\Delta\boldsymbol{q} \tag{5.58}$$

のように引き起こされ，$\boldsymbol{F}^{\mathrm{T}}\delta\boldsymbol{x}$ が

5.5 変分原理とエネルギー保存則

$$\boldsymbol{F}^\mathrm{T}\delta\boldsymbol{x} = \boldsymbol{F}^\mathrm{T}J(\boldsymbol{q})\delta\boldsymbol{q} = \boldsymbol{Q}^\mathrm{T}\delta\boldsymbol{q} \tag{5.59}$$

と表されることからくる。いい換えると，全体系に及ぼす外力をカーテシアン座標系でベクトル $\boldsymbol{F}$ で表すと，それは，一般化位置座標系に基づくラグランジュの運動方程式には，外力項として，右辺に $J^\mathrm{T}(\boldsymbol{q})\boldsymbol{F}$ の形で入るのである。ここに $J^\mathrm{T}(\boldsymbol{q})$ は $\boldsymbol{x}$ の $\boldsymbol{q}$ によるヤコビアン行列（式 (5.55)）の転置行列である。

話を戻して，図の全体系について

$$\begin{cases} \dfrac{\partial L}{\partial \dot{\boldsymbol{q}}} = \begin{pmatrix} \dfrac{\partial K}{\partial \dot{\varphi}} \\ \dfrac{\partial K}{\partial \dot{x}} \end{pmatrix} = \begin{pmatrix} (I+ml^2)\dot{\varphi} + ml\dot{x}\cos\varphi \\ (m+M)\dot{x} + ml\dot{\varphi}\cos\varphi \end{pmatrix} \\[2ex] \dfrac{\partial L}{\partial \boldsymbol{q}} = \begin{pmatrix} \dfrac{\partial L}{\partial \varphi} \\ \dfrac{\partial L}{\partial x} \end{pmatrix} = \begin{pmatrix} ml\dot{x}\dot{\varphi}\sin\varphi - mlg\sin\varphi \\ 0 \end{pmatrix} \end{cases} \tag{5.60}$$

となる。他方，外力は $\boldsymbol{F} = (u,0,0)^\mathrm{T}$ であり，ヤコビアン行列は

$$J(\boldsymbol{q}) = \frac{\partial \boldsymbol{x}}{\partial \boldsymbol{q}} = \frac{\partial(x,y,z)^\mathrm{T}}{\partial(\varphi,x)} = \begin{pmatrix} 0 & 1 \\ 0 & 0 \\ 0 & 0 \end{pmatrix} \tag{5.61}$$

と表されるので，$J^\mathrm{T}(\boldsymbol{q})\boldsymbol{F} = (0,u)^\mathrm{T}$ と表され，式 (5.54) は，この場合

$$\begin{aligned} &H(\boldsymbol{q})\begin{pmatrix} \ddot{\varphi} \\ \ddot{x} \end{pmatrix} - ml\dot{\varphi}^2\sin\varphi\begin{pmatrix} 0 \\ 1 \end{pmatrix} - mlg\sin\varphi\begin{pmatrix} 1 \\ 0 \end{pmatrix} \\ &= \begin{pmatrix} 0 \\ u \end{pmatrix} \end{aligned} \tag{5.62}$$

となることを確かめられたい。ここに

$$H(\boldsymbol{q}) = \begin{pmatrix} I+ml^2 & ml\cos\varphi \\ ml\cos\varphi & m+M \end{pmatrix} \tag{5.63}$$

であり，これを**慣性行列**と呼ぶ．これは対称でしかも正定であり，したがって，φ がどんなに変動しても，つねに二つの正の実数の固有値をもつ．式 (5.62) の第 2 項には $\dot{\varphi}^2$ が入り，この項は遠心力を表しているようであるが，その物理的な背景はわかりにくい．そこで，つぎの計算式を手掛かりにして，式 (5.62) の表現を物理的な意味が明確になる形式に書き改めよう．

$$-\frac{1}{2}\dot{H}(\boldsymbol{q})\dot{\boldsymbol{q}} = \frac{1}{2}\begin{bmatrix} 0 & ml\dot{\varphi}\sin\varphi \\ ml\dot{\varphi}\sin\varphi & 0 \end{bmatrix}\begin{bmatrix} \dot{\varphi} \\ \dot{x} \end{bmatrix}$$

$$= \frac{1}{2}\begin{bmatrix} ml\dot{\varphi}\dot{x}\sin\varphi \\ ml\dot{\varphi}^2\sin\varphi \end{bmatrix} \tag{5.64}$$

となる．そして，この項と式 (5.62) の第 2 項を加え合わせると

$$-\frac{1}{2}\dot{H}(\boldsymbol{q})\dot{\boldsymbol{q}} - ml\dot{\varphi}^2\sin\varphi\begin{pmatrix} 0 \\ 1 \end{pmatrix} = \frac{1}{2}ml\sin\varphi\begin{bmatrix} \dot{\varphi}\dot{x} \\ -\dot{\varphi}^2 \end{bmatrix}$$

$$= \frac{ml}{2}\dot{\varphi}\sin\varphi\begin{bmatrix} 0 & 1 \\ -1 & 0 \end{bmatrix}\begin{bmatrix} \dot{\varphi} \\ \dot{x} \end{bmatrix} \tag{5.65}$$

と表現できることがわかる．そこで

$$S(\boldsymbol{q},\dot{\boldsymbol{q}}) = \frac{ml}{2}\dot{\varphi}\sin\varphi\begin{bmatrix} 0 & 1 \\ -1 & 0 \end{bmatrix} \tag{5.66}$$

と置くと，式 (5.65) は $S(\boldsymbol{q},\dot{\boldsymbol{q}})\dot{\boldsymbol{q}}$ と表され，式 (5.62) は，$\boldsymbol{u} = (0,u)^{\mathrm{T}}$ と置いて

$$H(\boldsymbol{q})\ddot{\boldsymbol{q}} + \frac{1}{2}\dot{H}(\boldsymbol{q})\dot{\boldsymbol{q}} + S(\boldsymbol{q},\dot{\boldsymbol{q}})\dot{\boldsymbol{q}} + \frac{\partial U}{\partial \boldsymbol{q}} = \boldsymbol{u} \tag{5.67}$$

と表されることになる．行列 $S(\boldsymbol{q},\dot{\boldsymbol{q}})$ は歪対称 (skew-symmetric) であり，$S + S^{\mathrm{T}} = 0$ となるので，S の 2 次形式は $\dot{\boldsymbol{q}}^{\mathrm{T}}S(\boldsymbol{q},\dot{\boldsymbol{q}})\dot{\boldsymbol{q}} = 0$ である．しかも

$$\begin{cases} \dot{\boldsymbol{q}}^{\mathrm{T}}\left\{H(\boldsymbol{q})\ddot{\boldsymbol{q}} + \frac{1}{2}\dot{H}(\boldsymbol{q})\dot{\boldsymbol{q}}\right\} = \frac{\mathrm{d}}{\mathrm{d}t}\frac{1}{2}\dot{\boldsymbol{q}}^{\mathrm{T}}H(\boldsymbol{q})\dot{\boldsymbol{q}} = \frac{\mathrm{d}}{\mathrm{d}t}K \\ \dot{\boldsymbol{q}}^{\mathrm{T}}\frac{\partial U}{\partial \boldsymbol{q}} = \frac{\mathrm{d}}{\mathrm{d}t}U \end{cases} \tag{5.68}$$

となるので，$\dot{\boldsymbol{q}}$ と式 (5.67) の両辺の内積を取ると

$$\dot{\boldsymbol{q}}^{\mathrm{T}}\boldsymbol{u} = \dot{x}u = \frac{\mathrm{d}}{\mathrm{d}t}(K+U) \tag{5.69}$$

となる．特に外力が 0 のとき，すなわち $u=0$ のとき，$\mathrm{d}(K+U)/\mathrm{d}t = 0$ となり，次式が成立する．

$$E = K + U = \mathrm{const.} \tag{5.70}$$

すなわち，全エネルギー $E(=K+U)$ は保存され，**エネルギー保存則**が成立する．このことは式 (5.22) に対応し，さらにもっと一般に，保存力としてのポテンシャルエネルギーしか存在しないときには，この形式のエネルギー保存則が成立する．このことは，もっと一般化され，ロボットの姿勢制御を導く指針として用いられる．

5.6 平面ロボットの運動方程式

二重振子の形をした自由度 2 のロボットを考えよう．図 **5.7** に示すように，これは肩からぶら下がる人間の上腕と下腕からなる腕の単純化したモデルと考えてよいだろう．肩に相当する第一関節の中心を O として，上腕に相当するリンク L_1 は O を貫く z 軸を中心にして回転し，第二関節 J_2 は肘に相当し，そ

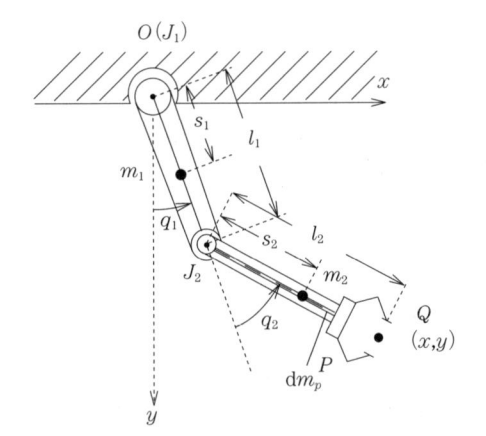

図 **5.7** 平面内（紙面）を運動する 2 自由度平面ロボット

の回転軸も z 方向にあるとする．このとき，腕全体の運動は xy-平面内に限定される．一般化位置座標として二つの関節 J_1, J_2 の回転角 q_1, q_2 を選び，ベクトル $\boldsymbol{q} = (q_1, q_2)^\mathrm{T}$ を**関節ベクトル**と呼ぶことにする．上腕リンクの運動エネルギーは $K_1 = (1/2)I_1\dot{q}_1^2$ と表される．ここに，I_1 は上腕を剛体として見たときの J_1 を通る z 軸まわりの慣性モーメントを表す．つぎに，関節中心 J_2 の速度ベクトル $\boldsymbol{v}_{2O}$ をカーテシアン座標系 $(x, y)^\mathrm{T}$ を用いて表してみよう．J_2 の位置は $x = l_1 \sin q_1$, $y = l_1 \cos q_1$ と表せるので

$$\boldsymbol{v}_{2O} = (\dot{x}, \dot{y})^\mathrm{T} = (l_1 \dot{q}_1 \cos q_1, -l_1 \dot{q}_1 \sin q_1)^\mathrm{T} \tag{5.71}$$

となる．同じようにして，下腕リンク L_2 の J_2 から見た質量中心の位置ベクトル $\boldsymbol{r}_{c2}$ を求めると

$$\boldsymbol{r}_{c2} = (s_2 \sin(q_1 + q_2), s_2 \cos(q_1 + q_2))^\mathrm{T} \tag{5.72}$$

となる．つぎに，下腕リンク L_2 の任意の点 P の微小質量を $\mathrm{d}m_P$ とし，J_2 を起点として端点が P となる位置ベクトル $\overrightarrow{J_2 P}$ を $\boldsymbol{r}_{P2}$ で表すと，座標系 $O - xy$ から見た P の位置ベクトルは $\boldsymbol{r}_P = \boldsymbol{r}_{2O} + \boldsymbol{r}_{P2}$ となる．ここに，$\boldsymbol{r}_{2O}$ は関節 J_2 の $O - xy$ に基づく位置ベクトルである．明らかに

$$\boldsymbol{v}_P = \dot{\boldsymbol{r}}_P = \dot{\boldsymbol{r}}_{2O} + \dot{\boldsymbol{r}}_{P2} = \boldsymbol{v}_{2O} + \boldsymbol{v}_{P2} \tag{5.73}$$

である．そこで，点 P を下腕リンク L_2 上に動かして微小運動エネルギーを L_2 のボリューム全体に体積積分すると

$$\begin{aligned} K_2 &= \int_{L_2} \frac{1}{2} \|\boldsymbol{v}_P\|^2 \mathrm{d}m_P \\ &= \int_{L_2} \frac{1}{2} \left\{ \|\boldsymbol{v}_{2O}\|^2 + \|\boldsymbol{v}_{P2}\|^2 + 2\boldsymbol{v}_{2O}^\mathrm{T} \boldsymbol{v}_{P2} \right\} \mathrm{d}m_P \end{aligned} \tag{5.74}$$

となる．第 1 項は，式 (5.71) から

$$\int_{L_2} \frac{1}{2} \|\boldsymbol{v}_{2O}\|^2 \mathrm{d}m_P = \frac{1}{2}(l_1 \dot{q}_1)^2 m_2 \tag{5.75}$$

となる．第 2 項は，$\boldsymbol{v}_{P2}$ が J_2 まわりの回転角速度 $(\dot{q}_1 + \dot{q}_2)$ に $\|\boldsymbol{r}_{P2}\|$ を乗じた速度で $\mathrm{d}m_P$ が回転しているときの速度ベクトルを表すので

$$\int_{L_2} \frac{1}{2}\|\boldsymbol{v}_{P2}\|^2 \mathrm{d}m_P = \frac{1}{2}(\dot{q}_1+\dot{q}_2)^2 \int_{L_2} \|\boldsymbol{r}_{P2}\|^2 \mathrm{d}m_P$$
$$= \frac{1}{2}I_2(\dot{q}_1+\dot{q}_2)^2 \tag{5.76}$$

となる。ここに I_2 は下腕リンク L_2 の J_2（z 軸）まわりの慣性モーメントを表す。最後に残った $\boldsymbol{v}_{2O}^{\mathrm{T}}\boldsymbol{v}_{P2}$ のボリューム積分について考えるため，$\boldsymbol{v}_{P2}$ について考えよう。一般に $\boldsymbol{v}_{P2}$ は J_2 から見たときの点 P の速度ベクトルであるが，それは xy 平面上にあり，その方向は明らかに位置ベクトル $\boldsymbol{r}_{P2}$ の端点 P から相対位置ベクトル $\boldsymbol{r}_{P2}$ に直交する向きにある。もっと厳密には，J_2 まわりの回転ベクトルは，z 軸を図 **5.8** のように xy 平面に直交する方向に選べば，z 軸の逆向きに生じ，$\boldsymbol{\omega} = (0, 0, -\dot{q}_1-\dot{q}_2)^{\mathrm{T}}$ となり，速度ベクトル $\boldsymbol{v}_{P2}$ は

$$\boldsymbol{v}_{P2} = \boldsymbol{\omega} \times \boldsymbol{r}_{P2} \tag{5.77}$$

となる。$\boldsymbol{r}_{P2} = (r_{Px}, r_{Py}, 0)^{\mathrm{T}}$ とすれば

$$\int_{L_2} \boldsymbol{r}_{P2} \mathrm{d}m_P = m_2 \boldsymbol{r}_{c2} \tag{5.78}$$

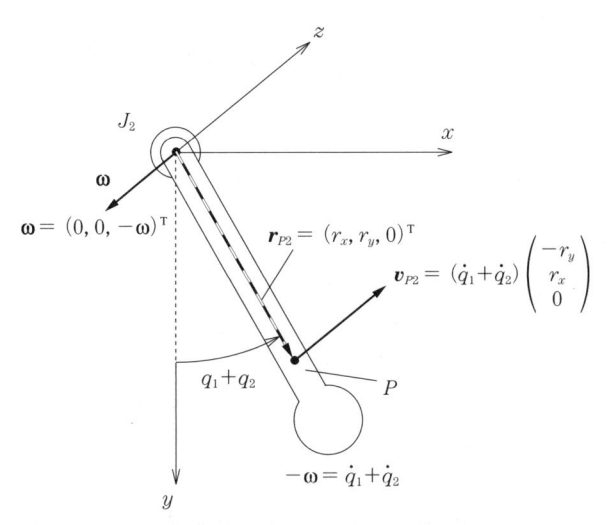

図 **5.8** 図 5.7 の平面ロボットの関節 J_2 から見たリンク L_2 の運動

であり，r_{c2} は起点 J_2 から見た下腕リンク L_2 の質量中心の位置ベクトルであり，式 (5.72) で表したものと一致する．こうして

$$\int_{L_2} v_{2O}^{\mathrm{T}} v_{P2} \mathrm{d}m_P = \int_{L_2} v_{2O}^{\mathrm{T}} (\omega \times r_{P2}) \mathrm{d}m_P$$
$$= v_{2O}^{\mathrm{T}} \left(\omega \times \int_{L_2} r_{P2} \mathrm{d}m_P \right) = m_2 v_{2O}^{\mathrm{T}} (\omega \times r_{c2})$$
$$= m_2 v_{2O}^{\mathrm{T}} (\dot{q}_1 + \dot{q}_2)(s_2 \cos(q_1 + q_2), -s_2 \sin(q_1 + q_2))^{\mathrm{T}}$$
$$= l_1 s_2 m_2 \dot{q}_1 (\dot{q}_1 + \dot{q}_2)(\cos q_1 \cos(q_1 + q_2) + \sin q_1 \sin(q_1 + q_2))$$
$$= m_2 l_1 s_2 \dot{q}_1 (\dot{q}_1 + \dot{q}_2) \cos q_2 \tag{5.79}$$

となる．途中の計算で不必要になるときは z 座標の表記を省略した．こうして，全運動エネルギーは

$$K = K_1 + K_2$$
$$= \frac{1}{2} I_1 \dot{q}_1^2 + \frac{1}{2} I_2 (\dot{q}_1 + \dot{q}_2)^2 + \frac{1}{2} m_2 l_1^2 \dot{q}_1^2$$
$$+ m_2 l_1 s_2 \dot{q}_1 (\dot{q}_1 + \dot{q}_2) \cos q_2 \tag{5.80}$$

となる．ポテンシャルエネルギーはすぐに求まり

$$U = m_1 s_1 (1 - \cos q_1) + m_2 l_1 (1 - \cos q_1)$$
$$+ m_2 s_2 (1 - \cos(q_1 + q_2)) \tag{5.81}$$

となる．こうして図 5.7 の平面ロボットに関するラグランジュの運動方程式は，変分原理

$$\int_{t_0}^{t_1} (\delta L + u^{\mathrm{T}} \delta q) \mathrm{d}t = 0 \tag{5.82}$$

から（ここに $u = (u_1, u_2)^{\mathrm{T}}$ とする）

$$H(q)\ddot{q} - m_2 l_1 s_2 \begin{pmatrix} 2\dot{q}_1 \dot{q}_2 + \dot{q}_2^2 \\ -\dot{q}_1^2 \end{pmatrix} \sin q_2$$
$$+ g \begin{pmatrix} (m_1 s_1 + m_2 l_1) \sin q_1 + m_2 s_2 \sin(q_1 + q_2) \\ m_2 s_2 \sin(q_1 + q_2) \end{pmatrix} = \begin{pmatrix} u_1 \\ u_2 \end{pmatrix} \tag{5.83}$$

5.6 平面ロボットの運動方程式

と求まる。ここに $H(q)$ は慣性行列であり，つぎのように表される。

$$H(q) = \begin{pmatrix} I_1 + m_2 l_1^2 + I_2 + 2 m_2 l_1 s_2 \cos q_2 & I_2 + m_2 l_1 s_2 \cos q_2 \\ I_2 + m_2 l_1 s_2 \cos q_2 & I_2 \end{pmatrix} \quad (5.84)$$

当然であるが，$H(q)$ は対称正定であり，$K = (1/2)\dot{q}^\mathrm{T} H(q)\dot{q}$ である。式 (5.83) の第 2 項は遠心力とコリオリ力の項であるが，前節の議論と同様に，$-(1/2)\dot{H}(q)$ と組み合わせるとつぎのようになる。

$$-\frac{1}{2}\dot{H}(q)\dot{q} - m_2 l_1 s_2 \begin{pmatrix} 2\dot{q}_1\dot{q}_2 + \dot{q}_2^2 \\ -\dot{q}_1^2 \end{pmatrix} \sin q_2$$

$$= m_2 l_1 s_2 \begin{pmatrix} \dot{q}_2 & \frac{1}{2}\dot{q}_2 \\ \frac{1}{2}\dot{q}_2 & 0 \end{pmatrix} \begin{pmatrix} \dot{q}_1 \\ \dot{q}_2 \end{pmatrix} \sin q_2 - m_2 l_1 s_2 \begin{pmatrix} 2\dot{q}_1\dot{q}_2 + \dot{q}_2^2 \\ -\dot{q}_1^2 \end{pmatrix} \sin q_2$$

$$= m_2 l_1 s_2 \sin q_2 \begin{pmatrix} -\dot{q}_1\dot{q}_2 - \frac{1}{2}\dot{q}_2^2 \\ \frac{1}{2}\dot{q}_1\dot{q}_2 + \dot{q}_1^2 \end{pmatrix}$$

$$= \frac{m_2 l_1 s_2 (2\dot{q}_1 + \dot{q}_2)}{2} \sin q_2 \begin{pmatrix} 0 & -1 \\ 1 & 0 \end{pmatrix} \begin{pmatrix} \dot{q}_1 \\ \dot{q}_2 \end{pmatrix} = S(q, \dot{q})\dot{q} \quad (5.85)$$

となる。つまり，$S(q, \dot{q})$ は歪対称となり，結局，式 (5.83) も式 (5.67) と同じ形式

$$H(q)\ddot{q} + \left\{\frac{1}{2}\dot{H}(q) + S(q, \dot{q})\right\}\dot{q} + g(q) = u \quad (5.86)$$

で表される。ここに，$g(q) = \partial U/\partial q$ である。式 (5.86) の両辺と $\dot{q}$ との内積をとって積分すると

$$\int_0^t \dot{q}^\mathrm{T}(\tau) u(\tau) \mathrm{d}\tau = \int_0^t \frac{\mathrm{d}}{\mathrm{d}\tau}\left\{\frac{1}{2}\dot{q}^\mathrm{T}(\tau)H(q(\tau))\dot{q}(\tau) + U(q(\tau))\right\}\mathrm{d}\tau$$

$$= E(t) - E(0) \geq -E(0) \quad (5.87)$$

となる。ここに E は全エネルギー $K + U$ であり

$$E(t) = K(t) + U(t) = \frac{1}{2}\dot{q}(t)H(q(t))\dot{q}(t) + U(q(t)) \tag{5.88}$$

と略記した．ポテンシャルエネルギー U は，この場合，$q_1 = 0$, $q_2 = 0$ のとき最小値 $U = 0$ をとり，それ以外では $U \geq 0$ である．したがって，$E \geq 0$ であるので，式 (5.87) の最後の不等式が成立するのである．$E(0)$ は全体系の初期状態のみに依存することに注意されたい．式 (5.86) のようなシステムダイナミクスについて，u を入力，$y = \dot{q}$ を出力と見なすと，入力ベクトルと出力ベクトルとの間に取った内積を時間区間 $[0, t]$ で積分すると，任意の $t > 0$ について，けっしてある値（$-E(0)$）以下にならないことを示しており，このことを式 (5.86) のダイナミクスの入出力対は**受動性**（passivity）を満たすという．

5.7　ロボット運動の制御

ロボットの腕（マニピュレータ）の姿勢は各関節をサーボモータで位置制御することによって定められる．第 j 関節を直流サーボモータで駆動するとき，普通，歯車のような適当な減速機を介する（図 5.9）．モータのシャフト側の歯車とシャフトそのものを合わせた慣性モーメントを J_{0j}，直流サーボモータが電流制御型であるとして，制御入力として電流 i に対して生成するトルクを $\tau_0 = K_j i$ とし（この定数 $K_j > 0$ をモータのトルク定数と呼ぶ），また歯車と

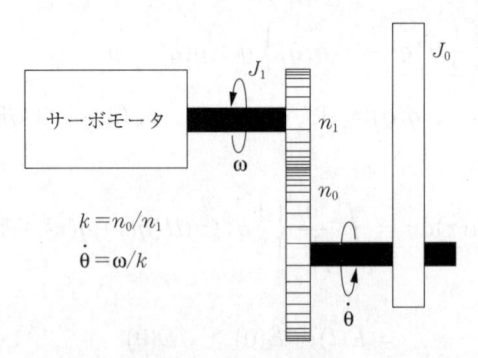

図 5.9　減速機を介して駆動されるロボットの剛体リンク

モータそのものにも起因する粘性係数を b_{0j} とすると，モータ側から見て

$$\frac{\tau_j}{k_j} + J_{0j}\dot{\omega}_j + b_{0j}\omega_j = K_j i_j \tag{5.89}$$

が成立する．ここに，k_j はモータ側の歯車とロボットリンク側の歯車の歯数の比（減速比という）の逆数であり，サーボモータの場合，$k = 10 \sim 200$ である．また，$\omega_j = k_j \dot{q}_j$ である．なお，式 (5.89) の τ_j は負荷（ロボットのリンク）がかけるトルクである．このサーボモータが第 j 関節を駆動するとすれば，その負荷トルクが式 (5.86) の外力 $\boldsymbol{u}$ の第 j 要素 u_j に一致するので，式 (5.86) は

$$\{H(\boldsymbol{q}) + J_0\}\ddot{\boldsymbol{q}} + \left\{\frac{1}{2}\dot{H}(\boldsymbol{q}) + S(\boldsymbol{q},\dot{\boldsymbol{q}}) + B_0\right\}\dot{\boldsymbol{q}} + \boldsymbol{g}(\boldsymbol{q}) = D\boldsymbol{i} \tag{5.90}$$

と書き直しできる．ここに，J_0，B_0，D は対角行列で

$$\begin{cases} J_0 = \mathrm{diag}\left(k_1^2 J_{01}, \cdots, k_n^2 J_{0n}\right), \quad B_0 = \mathrm{diag}\left(k_1^2 b_{01}, \cdots, k_n^2 b_{0n}\right) \\ D = \mathrm{diag}\left(k_1 K_1, \cdots, k_n K_n\right), \quad \boldsymbol{i} = (i_1, \cdots, i_n)^{\mathrm{T}} \end{cases} \tag{5.91}$$

本書では，D は既知と考え，一般性を失うことなく $D\boldsymbol{i}$ をあらためて $\boldsymbol{u}$ で表し，$\boldsymbol{u}$ そのものを制御入力と考える．すなわち，サーボモータのダイナミクスと合わせたロボットのダイナミクスを

$$\{H(\boldsymbol{q}) + J_0\}\ddot{\boldsymbol{q}} + \left\{\frac{1}{2}\dot{H}(\boldsymbol{q}) + S(\boldsymbol{q},\dot{\boldsymbol{q}}) + B_0\right\}\dot{\boldsymbol{q}} + \boldsymbol{g}(\boldsymbol{q}) = \boldsymbol{u} \tag{5.92}$$

と表すことにする．もし，重力項 $\boldsymbol{g}(\boldsymbol{q})$ が関節角の測定値 q_i $(i = 1, \cdots, n)$ から簡単に計算できるとするならば，制御入力を

$$\boldsymbol{u} = \boldsymbol{g}(\boldsymbol{q}) - B_1 \dot{\boldsymbol{q}} - A(\boldsymbol{q} - \boldsymbol{q}_d) \tag{5.93}$$

とすることができよう．ここに，$\boldsymbol{q}_d$ は目標姿勢を表す定数の関節角ベクトルである．あるいは，目標姿勢における重力項の値 $\boldsymbol{g}(\boldsymbol{q}_d)$ を用いて

$$\boldsymbol{u} = \boldsymbol{g}(\boldsymbol{q}_d) - B_1 \dot{\boldsymbol{q}} - A(\boldsymbol{q} - \boldsymbol{q}_d) \tag{5.94}$$

とすることもできる．なお，B_1 と A は適当な正定行列とするが，対角行列にとっていい．式 (5.93) の制御法を**重力補償つき PD 制御法**といい，制御中は

$g(q)$ を実時間で計算しなければならないのでオンライン型といい,式 (5.94) のタイプはオフライン型であるという。式 (5.93) を式 (5.92) に代入すると

$$\{H(q) + J_0\}\ddot{q} + \left\{\frac{1}{2}\dot{H}(q) + S(q,\dot{q}) + B\right\}\dot{q} + A\Delta q = 0 \quad (5.95)$$

となる。ここに,$B = B_0 + B_1$ と置いた。式 (5.95) と $\dot{q}$ との内積を取ると

$$\frac{\mathrm{d}}{\mathrm{d}t}E = -\dot{q}^\mathrm{T}B\dot{q} \quad (5.96)$$

となる。ここに,$\Delta q = q - q_d$ と定義し

$$E = \frac{1}{2}\dot{q}^\mathrm{T}\{H(q) + J_0\}\dot{q} + \frac{1}{2}\Delta q^\mathrm{T}A\Delta q \quad (5.97)$$

と置いた。明らかに E は状態変数 $(\Delta q, \dot{q})$ に関して正定である。したがって,テキストブック(文献 5–1)を参照)に述べてあるように,**LaSalle の不変定理**から,$t \to \infty$ のとき,$\dot{q}(t) \to 0$ となり,このことから,$\Delta q(t) \to 0$ となることがわかる。

式 (5.94) の制御入力を使う際には,それを式 (5.92) に代入して得られるつぎの閉ループダイナミクスについて解析しなければならない。

$$\{H(q) + J_0\}\ddot{q} + \left\{\frac{1}{2}\dot{H}(q) + S(q,\dot{q}) + B\right\}\dot{q}$$
$$+ g(q) - g(q_d) + A\Delta q = 0 \quad (5.98)$$

ここで,ポテンシャルエネルギー $U(q)$ の $q = q_d$ の周辺におけるテーラー展開を考えると

$$U(q) = U(q_d) + g^\mathrm{T}(q_d)\Delta q + \frac{1}{2!}\Delta q^\mathrm{T}G(q_d)\Delta q + O\left(\|\Delta q\|^3\right) \quad (5.99)$$

と表されることに気づく。ここに,$G(q_d)$ はその (i,j) 要素 $G_{ij}(q_d)$ がつぎのように定義される $n \times n$ の対称定数行列である。

$$G_{ij}(q_d) = \left.\frac{\partial g_i(q)}{\partial q_j}\right|_{q=q_d} = \left.\frac{\partial^2 U(q)}{\partial q_i \partial q_j}\right|_{q=q_d} \quad (5.100)$$

ここに,$g_i(q)$ はベクトル $g(q)$ の第 i 成分である。ロボットの腕の関節がすべて回転関節であると,q_i はすべて角度(radian)を表すので,$g_i(q)$ は q_i

($i = 1, \cdots, n$) を変数とする三角関数となり, $G_{ij}(\boldsymbol{q})$ もそうなる. したがって, $G_{ij}(\boldsymbol{q}_d)$ は $\boldsymbol{q}_d$ がどこにあろうと, ある正定数 $\beta > 0$ に対して

$$\frac{1}{2}\Delta\boldsymbol{q}^{\mathrm{T}}A\Delta\boldsymbol{q} + \frac{1}{2}\Delta\boldsymbol{q}^{\mathrm{T}}G(\boldsymbol{q}_d)\Delta\boldsymbol{q} \geq \beta\|\Delta\boldsymbol{q}\|^2 \tag{5.101}$$

となるように正定対角行列 A を選ぶことができよう. そこで, 式 (5.98) と $\dot{\boldsymbol{q}}$ との内積をとると

$$\frac{\mathrm{d}}{\mathrm{d}t}E_0 = -\dot{\boldsymbol{q}}^{\mathrm{T}}B\dot{\boldsymbol{q}} \tag{5.102}$$

となる. ここに E_0 をつぎのように置いた.

$$\begin{aligned}E_0 &= \frac{1}{2}\dot{\boldsymbol{q}}^{\mathrm{T}}\{H(\boldsymbol{q}) + J_0\}\dot{\boldsymbol{q}} + U(\boldsymbol{q}) - U(\boldsymbol{q}_d) \\ &\quad - \Delta\boldsymbol{q}^{\mathrm{T}}\boldsymbol{g}(\boldsymbol{q}_d) + \frac{1}{2}\Delta\boldsymbol{q}^{\mathrm{T}}A\Delta\boldsymbol{q}\end{aligned} \tag{5.103}$$

式 (5.99) から, この E_0 はつぎのように書き換えられる.

$$\begin{aligned}E_0 &= \frac{1}{2}\dot{\boldsymbol{q}}^{\mathrm{T}}\{H(\boldsymbol{q}) + J_0\}\dot{\boldsymbol{q}} + \frac{1}{2}\Delta\boldsymbol{q}^{\mathrm{T}}G(\boldsymbol{q}_d)\Delta\boldsymbol{q} \\ &\quad + \frac{1}{2}\Delta\boldsymbol{q}^{\mathrm{T}}A\Delta\boldsymbol{q} + O\left(\|\Delta\boldsymbol{q}\|^3\right)\end{aligned} \tag{5.104}$$

他方, 式 (5.101) から

$$\frac{1}{2}\Delta\boldsymbol{q}^{\mathrm{T}}A\Delta\boldsymbol{q} + \frac{1}{2}\Delta\boldsymbol{q}^{\mathrm{T}}G(\boldsymbol{q}_d)\Delta\boldsymbol{q} + O\left(\|\Delta\boldsymbol{q}\|^3\right) \geq \beta\|\Delta\boldsymbol{q}\|^2 \tag{5.105}$$

とすることができる. すなわち $\beta > 0$ を適当に大きく取り, A の対角要素を式 (5.105) が成立するように適当に大きく選ぶと, E_0 は $(\Delta\boldsymbol{q}, \dot{\boldsymbol{q}})$ に関して正定になる ($U(\boldsymbol{q})$ が q_i を変数とする三角関数なので, 有界であり, $\boldsymbol{g}(\boldsymbol{q})$ や $G(\boldsymbol{q})$ の成分もすべて三角関数となり有界となる. したがって, E_0 がすべての $\Delta\boldsymbol{q}, \dot{\boldsymbol{q}}$ で正定になるように β, A を選定できる). こうして, 文献 5–1) や 5–2) で述べてある LaSalle の不変定理から $t \to \infty$ のとき $\dot{\boldsymbol{q}}(t) \to 0$, $\Delta\boldsymbol{q}(t) \to 0$ となる.

章 末 問 題

【1】 2 次の線形微分方程式 (5.27) について, 初期条件 $\theta(0) = a$, $\dot{\theta}(0) = b$ を満たす解を求めよ.

【2】運動方程式 (5.33) の解 $\theta(t)$, $\dot{\theta}(t)$ について
$$\frac{\mathrm{d}}{\mathrm{d}t}(K+U) = 0$$
となることを示せ。ここに $K = (1/2)ml^2\dot{\theta}^2$, $U = mgl(1 - \cos\theta)$ である。

【3】式 (5.63) に示した行列 $H(\bm{q})$ は，すべての可能な $\bm{q} = (\varphi, x)$ について，正定になることを示せ。

【4】式 (5.84) で表される慣性行列 $H(\bm{q})$ が正定であることを示せ。なお，ここでは $I_2 \geq m_2 s_2^2$ であると仮定せよ。

【5】図 5.7 に示す第二リンク L_2 の J_2 まわりの慣性モーメント I_2 は，$m_2 s_2^2$ より大きいか等しいことを示せ。ここに s_2 は J_2 から見た L_2 の質量中心の位置ベクトル $\bm{r}_{c2}$ の大きさを表す。

【6】式 (5.95) と $\dot{\bm{q}}$ との内積を取ることにより，式 (5.96) が成立することを示せ。

【7】式 (5.98) と $\dot{\bm{q}}$ との内積を取ると，式 (5.102) が導出できることを示せ。

6

"巧みさ"と冗長自由度問題

ロボットの姿や形を人間に似せることは容易にできるようになった。人の手に似せた精巧な5本指ロボットも造られた。人形の顔の表情を作り出す技術も少しは進んできた。しかし，それでも日常生活を営む人間の手助けとなるロボットの開発は，はかばかしくない。それは，人間の日常の営みの中で，無意識に近く発露されている動作の巧みさが記述可能になっていないからである。すなわち，コンピュータに取り込めるような明解な形式で記述できていないからである。特に，冗長多関節をもつ腕や手が巧みに動作し得る物理原理や，手指で物体を自由自在に操ることのできる力学法則は，じつは今世紀になってやっと少しずつ記述でき始めたばかりなのである。この章では，身体運動の科学をどのように発展させると未来の知能ロボットが可能になるか，最も基本的で具体的な課題を通して，論じておきたい。

6.1 "巧みさ"の文脈依存説

1章の文献1–19) は，ベルンシュタインが第二次世界大戦中に書いたと伝えられる。それは，そのロシア語原本のM.L. LatashとM.T. Turveyによる英訳が主体となって構成されている。英訳本の出版は1996年であったが，日本語訳1–15) が出版されたのは2003年であった。その日本語版への序文でM.T. ターヴェイは，ベルンシュタインの言葉を借りながら，「**巧みさは系統的に順序立てて構成すべき概念である**」と述べている。つまり，巧みさは単に"know-how"の集積とは考えたくない，と。そして，ベルンシュタインは「この概念は動作

自体ではなく動作の文脈により密接に結びついている」と確信していたに違いないと，解説する．もっと進めて，「巧みな動作は真空に生じるのではなく，いつも文脈の中で生じるのである．いつも，それは環境が提示した"問題"の"解決"として理解できる．そして，巧みな動作は反応ではなく，創造なのだ」とさえ断言するのである．

ロボティクスや人工知能の研究の歴史を振り返ると，"巧みさ"や"知能"へのアプローチを一般的に捉えようとして，失敗を繰り返してきたように思える．人工知能の研究史で最も華やかであった時代は1980年前後である．"If $\cdots$, then $\cdots$"という形式で専門家の知識を取り込み，知識ベースを構築し，コンピュータに推論の役目を演じさせるエキスパートシステムが登場し，知識工学という分野が確立したかに見えた．同じ1980年ごろ，ロボティクス研究も最も華やかであった．マイクロコンピュータのMPU（主計算処理装置）が8ビットから16ビットのマイクロプロセッサに移行するころ，**教示/再生方式**に基づいた産業用ロボットの普及が本格的なものとなった．日本ロボット学会や人工知能学会が誕生した1983年には早くも，知能ロボットが近い将来実現できる，と盛んに予測された．人工知能の世界では，1975年前後，ノーベル経済学賞を受賞し，また"If $\cdots$, then $\cdots$"に基づくルールベースを発案したサイモン博士もが，"20年以内に機械は人のできる仕事はなんでもできるようになろう"，と予測し，30年前にミンスキー（M. Minsky）[6-1]は，"一世代以内に「人工知能」を創造する問題は本質的に解決するだろう"と述べさえした．このような人工知能や知能ロボットの未来に対する熱烈な楽観主義に水を掛けたのは，1985年前後，ドレイファスを先頭とするある哲学者のグループであった[6-2]．批判の根拠は**常識的推論**（commonsense inference）と**日常物理学**（everyday physics）の困難性にあった．すなわち，コンピュータによる記号処理的手続きのみでは人間が日常的に行い，判断する常識的推論に迫ることはできないと主張した．それは莫大なknow-howの固まりであり，体系化や組織化は不可能であろうと．ロボティクスに関しては，人間が普段行う**日常作業**（everyday tasks）をロボットにやらすことの困難さを見ると，**常識的物理学**（commonsense physics）あ

るいは日常物理学（everyday physics）が科学技術として体系化できるはずがないではないか，と主張した．ここでは，後者の論点とベルンシュタインが唱えた"巧みさ"と**身体運動の科学**[1-15]との関係をもう少し深く議論しておこう．

ドレイファスが指摘した日常物理学の体系化の困難は"巧みさ"の文脈依存性に由来する．日常作業の一つがある文脈のもとで行われるとき，その文脈には作業の種類だけでなく，目的や環境条件が関係し，他方で作業すべき人体の部位が大きく関係する．それは手による作業なのか，腕なのか，手と腕が一体となって動作する作業か，上半身が関係するか，等々である．物理学的な見地に立っても，じつは，手指の筋骨格系と腕のそれとは大きく異なる．実際に，人間の上腕や下腕の長さは，大人ではほぼ $0.3\,\mathrm{m}$ であり，人差指の関節間の長さは先端から約 $2, 3, 5\,\mathrm{cm}$ の長さになっている．長さの比は約 $10:1$ であるが，これらの慣性モーメントを求めるとどうなるだろうか．**表 6.1** によると大人の上腕や下腕の慣性モーメントは $1 \times 10^{-3}\,\mathrm{kgm^2}$ のオーダであり，指の先端部の慣性モーメントは約 $1 \times 10^{-7}\,\mathrm{kgm^2}$ になって，オーダでいえば 10^4 程度の大きさの違いが生ずる．表に指の慣性モーメントと上腕や下腕の慣性モーメント，および，通常の産業用ロボット（組立て作業用）のリンク慣性モーメントの比較表を示しておこう．ロボット制御の研究の歴史では，この慣性モーメントの差異についてはことさらに注意を払ってこなかった．実際，一般的な方法として提案された**計算トルク法**や **PD 制御法**（5.7 節参照）は文脈依存しなくてよい

表 **6.1** ロボットと人間の物理パラメータに関するサイズ効果

Physical Quantities / Robot	Length (link, radius)	Mass	Inertia Moment	World	Redundancy of DOF
Fingers & Hand	1～5 centimeter	0.5～50 $\times 10^{-2}$ kg	0.1～50.0 $\times 10^{-6}$ $\mathrm{kgm^2}$	Centimeter World	Highly Redundant
Human Arm	10 - 30 centimeter	0.2～2.0 kg	0.5～5.0 $\times 10^{-2}$ $\mathrm{kgm^2}$	Deca-Centimeter World	Universal Joints (Wrist & Shoulder)
Robot Manipulator	0.1～0.8 meter	1.0～25.0 kg	2.5～50.0 $\times 10^{-2}$ $\mathrm{kgm^2}$	Sub-Meter World	Non-Redundant

一般的な方法であったが，それらが発揮する効果については，本来，文脈依存であったはずである．つまり，使うロボットのサイズに依存し，作業目的に依存して，その効果は限定的であったはずである．例えば，計算トルク法は指のサイズのように非常に小さい慣性モーメントをもつシステムに適用する意義は薄く，ましてや物体把持のように非ホロノミック拘束を伴う物理的相互作用には適用不能である．もっと直接的にいえば，物理的相互作用を表す項をすべて計算ずくでトルク補償することだけを考えると，その中にあるはずの"巧みさ"を発見するチャンスさえも奪ってしまうことのほうが問題でもあった．

巧みさの文脈依存性とは，作業目的や作業環境，動作が関与する身体の当該部位（腕か，手か，音声生成の場合は咽頭と口唇まわり）等々を指すが，それらのいかんにかかわらず，巧みさの背景に関節と筋や腱の冗長自由度の利用と克服があることを見抜いていたのもベルンシュタインであった[1-15]。動作を生成する身体運動について，関節の自由度の冗長性がもたらす問題は，非常に単純な全腕による到達運動（リーチング）でさえ秘密のヴェールに包まれていた．6.2節では，多関節リーチング運動について，作業空間中に指定した目標点から関節空間への逆写像が無限に存在し得ることを指摘し（このことを逆運動学の**不良設定性**と呼ぶ），さまざまな議論と研究があったことを述べておこう．その上で，2次元平面運動に限ってではあるが，逆運動学の問題はじつは運動学的に解く必要はなく，リーチング運動のダイナミクスの中で自然に**冗長自由度問題**が解消され得ることを示しておく．それは，ただ単に2次元リーチング運動だけでなく，重力の影響下にある3次元リーチング運動についても同様の考察が適用し得るのである．手指による巧みな物体操作という文脈下においても，冗長自由度の不良設定性が"blind grasping"を通じて自然に解消できることは，じつは，6.4節の延長線で論ずることができる．この二つの例で判断するのは早すぎるかもしれないが，巧みさはリーチング運動や指一対による物体操作のそれぞれの問題の文脈の中で冗長自由度を巧みに利用し，不良設定性を解消した制御法として，発揮され得るのである．ベルンシュタインのいうとおり，それぞれの問題の解決法としてそれぞれの自然な制御法があり得るのである．それ

らが筋や腱とともに，それらを駆動するニューロモータ信号とどうつながるかは，7章で詳細に議論しよう。結論すれば，巧みさは文脈依存であり，その環境場面と，使う身体部位を通して目的を達成する問題解決の表れ方として創発する。それは，真に図 **6.1** に表されるごとくであろう。ここでは腕と手を使う冗長多関節リーチング運動と手指による物体操作の例を挙げている。これら個々の事例の問題解決を図ることも重要であるが，しかし，それだけでは単に問題解決の "know-how" の集積となるにとどまり，巧みさの科学という新領域は開けない。ベルンシュタインが主張したかったのは，多くの事例の中で基本的かつ基礎的なものの問題解決の詳細がわかれば，それら全体を貫くなにか物理学的あるいは生理学的な根本原理が見つかるのではないか，という期待であったのであろう。その一つが冗長自由度の解消のあり方として現れるのではないか，と考えたのである。

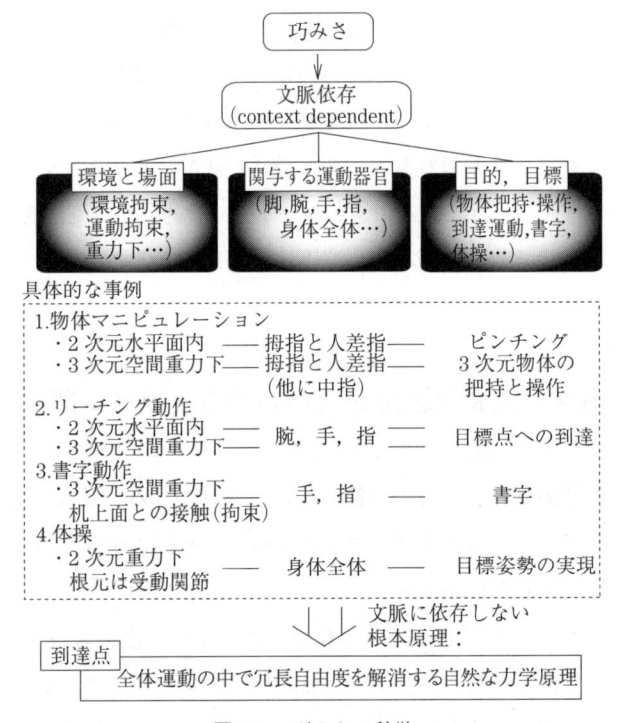

図 6.1 巧みさの科学

ベルンシュタインの生存中には，しかし，ロボティクスは誕生していなかった。したがって，巧みさをロボットに具現してみようという発想はなかった。逆に，ロボットに巧みさを機能させようという強い欲求から，コンピュータが理解できる言語で表現するところまで巧みさをとらえきる必要が起こったのである。必要は発明の母である。巧みさを，われわれは，ベルンシュタインが考えた以上に厳密な表現形式で記述しきれるよう，深く理解せねばならないのである。それは，結局は，巧みさが数学形式で表現しきれなければならないことを示唆している。つぎの英文は IT 革命の哲学的な核心をついている。

"There is no need to resort to Alan Turing's computer and Alonzo Church's lambda calculus to argue that a line can not be drawn between software and mathematical expression [Invention, July 2005 and IEEE Spectrum, October 2005]".

つまり，コンピュータソフトと数学の定式化の間に線が引けないことは，チューリング機械やチャーチのλ計算法を持ち出して論ずるまでもない，と。両者の間に一線を画すことはできない。ロボットに巧みさを実現するには，その演出法をコンピュータソフトで書き表すか，数学形式で表現できていなければならない。これらは同じことであるに違いないが，一般的にかつ汎用的に理解でき，明示的でもある数学形式で巧みさの演出法が表現できることが，まず一番にしなくてはならないことである。

6.2 冗長自由度系とベルンシュタイン問題

人間の身体運動はたくさんの関節を動かして行われる。最も単純に，1本の腕のみを考えても，肩の関節は三つの軸まわりに回転させ得るので，自由度は3である。肘の関節は1自由度であるが，手首も三軸まわりに回転できるので，自由度3をもつ。指の関節を除いても腕1本は7自由度をもつ。したがって，人差指の関節を動かさないで，指先をカーテシアン座標系のある1点にもっていくことができるし，そのとき，人差指の方向（姿勢）まで指定することがで

きた上に，1自由度が余る．このことを，腕は冗長自由度系であるという．ただし，自由度の冗長性はあくまでも，指定作業に依存する．図 **6.2** に示すように，xy-平面（水平面とする）上で運動する腕と手の四つの関節のみを取り上げてみよう．この場合，肩，肘，手首，人差指の根元の関節はすべて 1 自由度をもち，回転軸はすべて z 軸（水平面（紙面）に垂直な方向）に平行であるとする．そして，目標作業としては xy-平面上の 1 点 $\boldsymbol{x}_d = (x_d, y_d)^\mathrm{T}$ に人差指の指先（あるいは手先ということもある）をもっていくことを考える．これを**到達運動**（reaching）という．

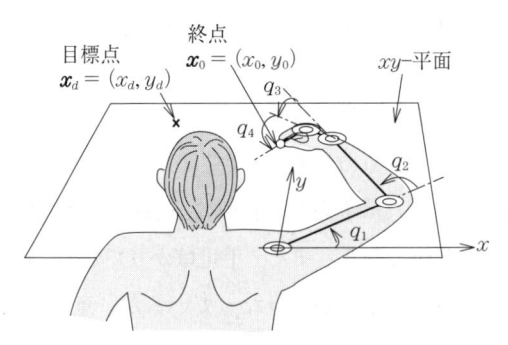

図 **6.2**　xy-平面上で運動する腕と手の四つの関節

目標作業は，単に，手先を $\boldsymbol{x}_d$ にもっていくことだけとすれば，出発点（そのときの姿勢はいつも同じとして）から手先が $\boldsymbol{x}_d$ に到達するときの xy 平面の軌跡は種々あり得る．手先は出発点から目標点へ真っすぐに行ってもいいが，少しぐらいカーブしながら，例えば円弧状に行ったって構わない．しかし，ともかく，手先の xy-平面上で通る軌道が決まっても，腕の姿勢の取り方は任意性が残る．すなわち，手先を軌道上に沿うようにしても腕の関節数は冗長なので，無数（無限個）の組合せがあり得る．人間の場合，各関節は一つの筋肉で駆動されるのではなく，収縮筋と伸展筋を組み合わせて，しかも，それが単なる一対ではなく複雑な組合せもあるので，筋肉の収縮の決め方まで考えると，混乱を来たしてしまう．本書では，筋肉運動まで考えるのは最後にして，当分の間は，各関節の一つの自由度は一つの駆動源（制御入力，アクチュエータ）

で制御するものと仮定しよう．図の場合，作業目的は二つの物理変数 x, y を $\boldsymbol{x}_d = (x_d, y_d)^\mathrm{T}$ と指定することによって与えられるが，このときの関節変数の組は 4 次元のベクトル $\boldsymbol{q} = (q_1, q_2, q_3, q_4)^\mathrm{T}$ で表されるので，二つの変数が余分（冗長）になる．すなわち，この到達運動に対して，図の平面運動する腕は**冗長自由度系**である．なお，ロボティクスでは，手先位置を表現するカーテシアン座標系 (x, y) を**作業空間**といい，関節ベクトル全体の集合を**関節空間**（あるいは**配位空間**（configuration space））という．冗長自由度系で作業目標を達成しようとするとき，作業空間の 1 点から関節空間への逆写像が一意的に決まらず，このことを**逆運動学**が**不良設定**（ill-posed）であるという．人間の四肢の運動は，その多くが冗長自由度系を使いながらも，ほとんど無意識のうちに各関節に必要なトルクを筋肉群で生成させて，スムースな運動を実現させているが，その秘密は解明できるのであろうか．

成人に達するまでに，人は手先を，背中の一部を除き，身体のどこへも自由自在にもっていくことができる．また，手足ばかりでなく，口唇まわりや，首，胴まわりも含めて，身体の姿勢がどうなっているか，意識下におくことができる．このことを，**proprioception**（訳語が定まっていないが，**固有体性感覚力**といえようか）ということは 1.2 節で述べた．手を含めた腕による多関節リーチングについても，目の前にあるものを取ろうとすると，スムースに手は動いて，さっとつかむことができる．しかし，手に白いチョークをもって黒板に直線を引くとなると，いきなりでは真っすぐには引けない．大人でもそれ相当の訓練が必要になる．

成人に少し熟練させた後の**多関節リーチング**について，たくさんの実験例と観測結果が報告されている[6-3]．その中で，運動を 2 次元平面に限り，2 次元平面内の目標点 $\boldsymbol{x}_d = (x_d, y_d)$ に手先をもっていく最も単純な到達運動については（図 6.2），熟練させると，つぎのような特徴が現れることが知られている[6-4]．

a) 手先の軌跡は xy-平面上でほぼ直線（quasi-straight line）になる．
b) 手先速度は対称な釣り鐘型（bell-shaped）に近くなる．
c) 手先加速度は極大と極小のピークを二つもつ双峰型となる．

6.2 冗長自由度系とベルンシュタイン問題

d) 関節角の挙動は各関節によって異なり，ある関節についてはその関節角速度の符号が正から負に転じたりすることもある．

最も特徴的なことは，xy-平面上の手先軌道（ほぼ直線）はリーチングを繰り返すごとに安定的で変動が少ないが，各関節の挙動は運動の繰返しごとに変動が見られる．特に，日時を空けて比較すると，手先軌道はやはり安定しているものの，関節軌道に著しい変動が見られる．このことを関節運動の "variability"（**変動性**）という．熟練させた到達運動の手先の運動軌跡がほぼ直線的になることは，1981年，P. モラッソ[6-5]によって初めて観測された．同時に，速度の時間推移の形状がベル型になることも見いだされた．肩や肘，手首の関節がすべて回転関節なので，円弧に近い曲線を描きそうに思われるのに，熟練していくと手先軌道は直線的になるのである．なぜそうなるか，さまざまな仮説が提案され，実験や観測の結果が報告された．その中で，運動生理学の分野では，関節角のジャーク（角加速度の時間微分，躍度という）の2次形式の時間積分が最小になるように各関節を運動させると，手先がほぼ直線に近くなることが示された[6-6]．特に，出発点 $(x(0), y(0))$ と終端点 $\boldsymbol{x}_d = (x_d, y_d)$ を与え，両端点の速度と加速度を0とする条件のもとで時間区間 $[0, t_1]$ にわたってコスト関数

$$Q_J = \frac{1}{2} \int_0^{t_1} \left\{ \left(\frac{\mathrm{d}^3 x}{\mathrm{d}t^3} \right)^2 + \left(\frac{\mathrm{d}^3 y}{\mathrm{d}t^3} \right)^2 \right\} \mathrm{d}t \tag{6.1}$$

を最小にするような曲線 $(x(t), y(t))$ を求めると，$x(t)$ と $y(t)$ はそれぞれ変数 t の5次の多項式で表され，点 $(x(t), y(t))$ の軌跡は直線になる（章末問題【1】，【2】参照）．同様に，各関節のジャークの2乗積をとり，その和を最小にすることも試みられた．しかし，ジャーク最小による軌道生成では腕の物理特性を反映しないことから，関節トルク τ_i の2次形式の和

$$Q_\tau = \frac{1}{2} \int_0^{t_1} \sum_{i=1}^n \left(\frac{\mathrm{d}\tau_i}{\mathrm{d}t} \right)^2 \mathrm{d}t \tag{6.2}$$

をコスト関数とする方法が宇野等[6-7]によって提案された．ここに τ_i は式 (5.86) の左辺を表す $\boldsymbol{u}$ の第 i 座標 $u_i (= \tau_i)$ を表す．しかしながら，このコスト関数の最小値を決める計算は，式 (5.86) の非線形微分方程式を多点境界値問題として

解かねばならず，習熟過程においてすら，人がこのような計算プロセスを繰り返している証拠は見いだされていない（人には関節トルクを直接センシングしている感覚受容器は見いだされていない）．その後，この方向の研究はトルク変化最小[6-7]，筋張力変化最小，運動指令変化最小，等々と展開されたが，これ以上の詳細は省略する（文献6–10）や6–11）に詳しい）．これらのコスト関数による評価では，多くの場合，手先軌道は先に与えられている（ほぼ直線状の軌道）と仮定して計算されているので，冗長多関節系を扱うときは，手先軌道が，なぜ，直線的になるか，説明されないままに終わっていた．

6.3 冗長自由度問題の自然な解消法：仮想ばね・ダンパ仮説

冗長自由度系で典型的な多関節リーチングでは，逆運動学が一意には決まらないことはすでに何度も述べた．ところで近年になって，著者のグループは，強いて逆運動学を定めることはしないで，手先が目標点にその距離に比例した力で引っ張るようなポテンシャルが各関節を駆動する筋全体で生成されると仮定すれば，熟練したリーチング運動が創発し得ることを示した（文献6–10）を参照）．例えば，図 6.2 の 4 関節を用いたリーチング運動に対しては，関節制御入力信号は，$\Delta x = x - x_d$ と置いて

$$u = -C\dot{q} - J^{\mathrm{T}}(q)k\Delta x \tag{6.3}$$

と定めてよいことを示した．そのとき，成人男性の平均的なモデル（**表 6.2**）について，ダンピング係数 $C = \mathrm{diag}(c_1, \cdots, c_4)$ は

$$\begin{aligned}
&c_1 = 1.89\,\mathrm{Nms}, \quad c_2 = 1.21\,\mathrm{Nms}, \\
&c_3 = 0.29\,\mathrm{Nms}, \quad c_4 = 0.070\,\mathrm{Nms}
\end{aligned} \tag{6.4}$$

と設定した．このダンピング係数では，肩や肘が受動的な運動を行っている際の筋の粘性摩擦係数と比較すると，数倍から 10 倍程度は高いことが，筋のもつ生理学的データからわかる．じつは，7.2 節で述べるように，筋の動的モデル

6.3 冗長自由度問題の自然な解消法：仮想ばね・ダンパ仮説

表 6.2 リンク表（上腕 (l_1)，下腕 (l_2)，掌 (l_3)，人差指 (l_4) を表し，対応して質量 (m_i) と慣性モーメント (I_i) のそれぞれを身長が 165 cm の大人のモデルから求めた．なお，各リンクの質量中心は真中にあるとした）

腕	リンク 1 の長さ	l_1	0.280 0 m
	リンク 2 の長さ	l_2	0.280 0 m
	リンク 3 の長さ	l_3	0.095 00 m
	リンク 4 の長さ	l_4	0.090 00 m
	リンク 1 のシリンダ半径	r_1	0.040 00 m
	リンク 2 のシリンダ半径	r_2	0.035 00 m
	リンク 3 の立方体の高さ	h_3	0.085 00 m
	リンク 3 の立方体の奥行	d_3	0.030 00 m
	リンク 4 のシリンダ半径	r_4	0.009 500 m
	リンク 1 の重さ	m_1	1.407 kg
	リンク 2 の重さ	m_2	1.078 kg
	リンク 3 の重さ	m_3	0.242 3 kg
	リンク 4 の重さ	m_4	0.025 52 kg
	リンク 1 の慣性モーメント	I_1	9.758×10^{-3} kgm^2
	リンク 2 の慣性モーメント	I_2	7.370×10^{-3} kgm^2
	リンク 3 の慣性モーメント	I_3	2.004×10^{-4} kgm^2
	リンク 4 の慣性モーメント	I_4	1.780×10^{-5} kgm^2

はさまざまな仮説と実験データに基づいていくつか提案されてはきたが，それらは単一の筋の収縮モデルに関してであった．多関節運動するときの各筋が相互作用しつつ，特に，屈筋と伸筋の相互作用のもとでこれらがどのようにふるまっているか，その動的モデルは求められておらず，明確な観察も報告されていないのが現状である．したがって，目標点近くで減速するときの各筋の粘性摩擦係数がどの程度のオーダになっているか，断定はできないが，筋の受動的な粘性摩擦係数は式 (6.4) よりもっと小さいであろうことは，想像できる．じつは，肘の関節は複数の筋によって制御されており，屈筋と伸筋が対をなして拮抗するとき，ダンピングが強く働くことは容易に想像できる（7.2 節で詳しく議論する）．

以上のような筋骨格系の物理的かつ生理学的背景を想定したとき，式 (6.2) にどんな修正を加えると，理想的なリーチング運動が実現するか，見えてくる．図 6.2 に示したように，手先を目標点に引っ張る仮想ばねを想定するならば，それと並列に仮想ダンパを想定して悪いはずはない．むしろ，ばねとダンパのた

がいの**協調**（これをインピーダンス調節ということもできよう）によって手先が引っ張られることを想定し，そのような手先力を与える関節制御入力がつぎのように設定できることに気がつく（図 **6.3**）．

$$u = -\zeta_0 C\dot{q} - J^{\mathrm{T}}(q)\left\{\zeta\sqrt{k}\dot{x} + k\Delta x\right\} \tag{6.5}$$

ここに，ζ_0 は 1 より小さいが正の無次元定数，ζ は適当な正定数である．

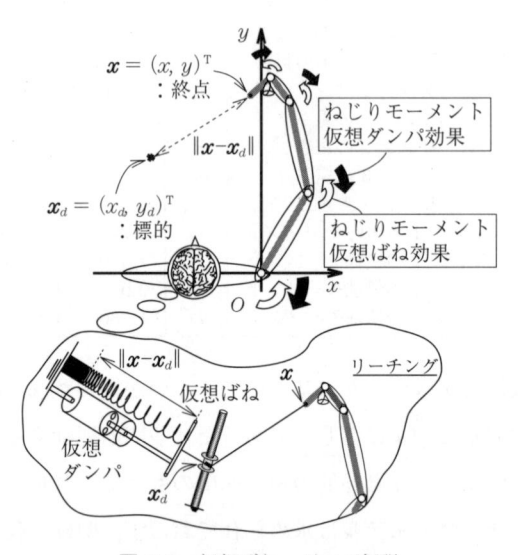

図 **6.3** 仮想ばね・ダンパ仮説

仮想ばね仮説に基づく方法と，**仮想ばね・ダンパ仮説**に基づく方法の比較を行うため，図 **6.4** に示すように，手先の初期位置から目標点までの距離が 35.99 cm あるときの中間距離的なリーチング運動のシミュレーション結果を示しておこう．初期姿勢は両方とも同じとして，**表 6.3** のように与えている．図 6.4 は，$k = 2.0 \sim 10.0$ N/m と変えたときの，仮想ばね仮説（式 (6.3) に示す制御入力）に基づいた制御入力を与えて求めた手先軌道を示す．ばね定数（スチッフネス）k を変えても，手先軌道そのものはあまり変動しないが，目標点に近づく早さは，k を大きくすると当然ではあるが，高くなる．図 6.4 では，目標点近くで手先軌道は曲がり，直線性が悪くなる．すなわち，手先の x 成分が y 成分に比し

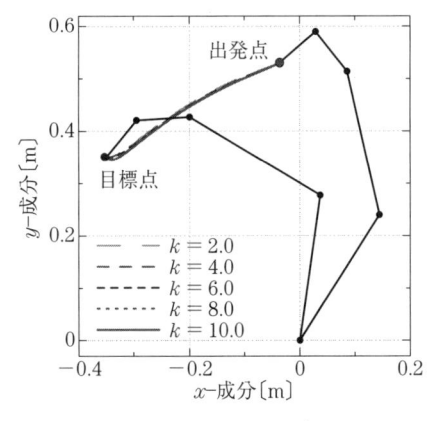

6.3 冗長自由度問題の自然な解消法：仮想ばね・ダンパ仮説

図 6.4 式 (6.3) と式 (6.4) で与えた制御信号を用いた中間領域リーチング運動の手先軌道と全腕の初期姿勢および最終姿勢（最終姿勢については $k = 10.0\,\mathrm{N/m}$ とした）

表 6.3 中間領域の 2-D リーチング運動したときの初期条件

$q_1(0)$	$59.00°$
$q_2(0)$	$43.00°$
$q_3(0)$	$25.00°$
$q_4(0)$	$95.00°$
$x(0)$	$-0.038\,06\,\mathrm{m}$
$y(0)$	$0.529\,5\,\mathrm{m}$
$\|\Delta\boldsymbol{x}(0)\|$	$0.359\,9\,\mathrm{m}$

て遅れ気味になり，バランスが悪くなる．この場合の手先速度 $v(=\sqrt{\dot{x}^2+\dot{y}^2})$ と手首に相当する関節角 q_3 の過渡応答を図 **6.5** と図 **6.6** に示す．これらは，k を変化させると，著しく変動することが見てとれる．

つぎに，仮想ばね・ダンパ仮説に基づいて式 (6.5) のような制御信号を与えた

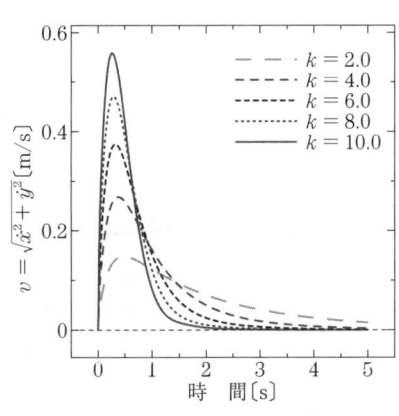

図 6.5 式 (6.3) と式 (6.4) の制御信号を用いたときの速度 $v = \sqrt{\dot{x}^2+\dot{y}^2}$ の過渡応答

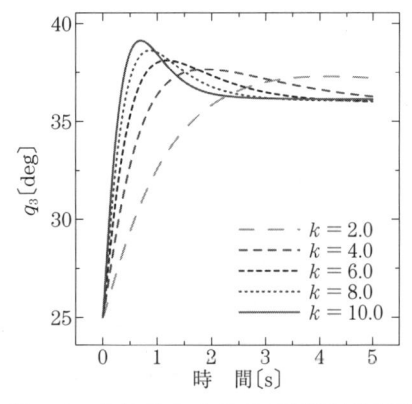

図 6.6 式 (6.3) と式 (6.4) の制御信号を用いたときの関節角 q_3 に関する過渡応答

ときの手先軌道を図 **6.7** に示す．ここで，式 (6.5) の行列 C は対角行列であり，その対角成分 c_i ($i = 1, 2, 3, 4$) は式 (6.4) のごとく与えたが，それら全体に係数 $\zeta_0 = 0.2$ を乗ずる一方，$\zeta = 2.5$ としている．式 (6.5) の右辺第 1 項は，各関節に及ぼす筋力の受動的なダンピング特性を与えていると考えれば，$\zeta_0 = 0.2$ とすることにより，全体的にバランスした筋力の粘性係数に近くなり，他方，仮想ダンパから由来する項 $-J^{\mathrm{T}}(q)\zeta\sqrt{k}\dot{x}$ は，伸筋と屈筋の拮抗によって生ずる "coactivation" に相当すると考えられる．図 6.7 に示すように，手先軌道は $k = 8.0 \sim 16.0\,\mathrm{N/m}$ に対して，ほとんど変動せずに直線的になることが見てとれる．図 **6.8** と図 **6.9** にそのときの手先速度 v と手首関節角 q_3 の過渡応答を

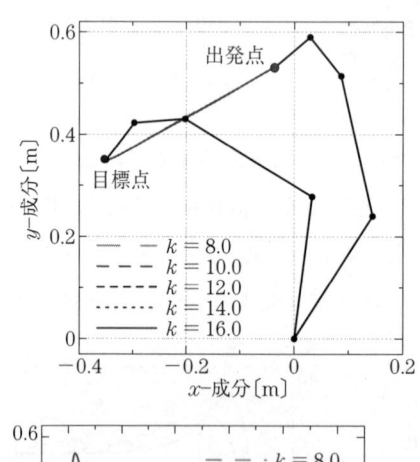

図 **6.7** 式 (6.5) の制御信号を用いたときの中間領域リーチング運動の手先軌道と全腕の初期姿勢および最終姿勢（この場合，$k = 16.0\,\mathrm{N/m}$ とした）

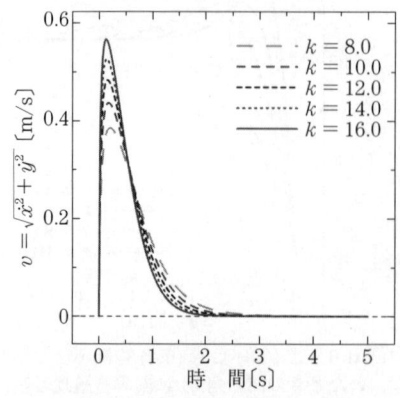

図 **6.8** 式 (6.5) の制御信号を用いたときの $v = \sqrt{\dot{x}^2 + \dot{y}^2}$

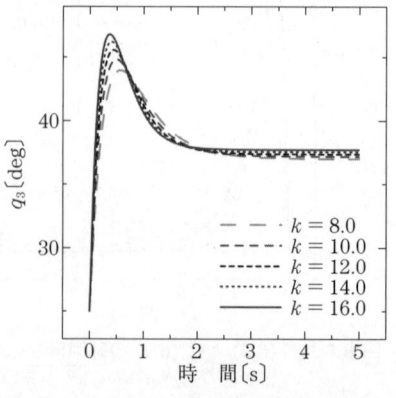

図 **6.9** 式 (6.5) の制御信号を用いたときの関節角 q_3 に関する過渡応答

示す．それらを図 6.5 と図 6.6 のそれぞれと比較すると，仮想ばね・ダンパ仮説による制御信号では，手先速度や関節角の挙動が，k の変化に対して，変動性が小さくなっていることに気がつく．このように，冗長関節を用いると，ばねとダンパを並列に組み込んだ機械インピーダンスによって手先が引っ張られるというメタファー（metaphor）が働くように，関与の筋群が**協同**（coordinate）することで，理想的で巧みなリーチング運動が生まれて来るのである．筋群のこのような協同を**シナジー**（synergy）**効果**と呼ぶ．

6.4　3次元物体の "Blind Grasp"

拇指と人差指による**対向力**を用いた物体操作を取り上げ，その数理モデルを導き，目を閉じたままでも，3 次元物体の安定なピンチング（**精密把持**）が可能になるかどうか（このことを "blind grasping" という），論じよう．

最初に，平行な側面をもつ 3 次元物体の把持と操作の運動方程式を導いておこう．3 次元空間でそのような物体を把持するとき（**図 6.10**），平行な側面を拇指と人差指で対向させながら押しつけ（対向力を発生させる）るとき，対向力の方向（図 6.10 では $\overline{O_1O_2}$ の方向）を表す直線が物体重心 $O_{c.m.}$ を通る重力方向の直線と交差せず，両直線間の距離が大きくずれると，対向力をよほどに強めない限り，$\overline{O_1O_2}$ 軸まわりの回転（spinning）が生ずるだろう．われわれが拇指と人差指で 1 冊の本の端をつまんで持ち上げるとき，よくそんな現象が起こる．しかし，この対向軸まわりの回転は，物体重心 $O_{c.m.}$ が対向軸の真

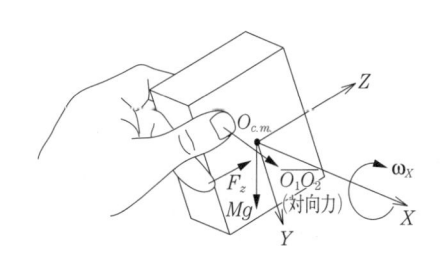

人差指と拇指が物体と接触する点を結ぶ直線（対向軸）のまわりの回転は，第三の指（中指）で止められていると仮定する．あるいは，質量中心 $O_{c.m.}$ から対向軸に降ろした垂線方向が重力方向にほぼ平行し，重力による対向軸まわりの回転モーメントは指先と物体との間のねじり静止摩擦で吸収されると仮定する．

図 6.10　平行側面をもつ 3 次元物体の安定把持

下（重力方向）の近辺に来るとき，止まる．あるいは，第三の指（例えば中指）を用いて物体を支えることにより，この対向軸まわりのスピニング運動を容易に止めることもできる．そこで，以下では，対向軸まわりのスピニングがもう起こらないと仮定して議論しよう．そこで図 6.11 に一対の指で把持された物体の運動を考える．そのため物体の質量中心 $O_{c.m.}$ を原点にして，物体にはりついたカーテシアン座標系 $O_{c.m.} - XYZ$ を図 6.12 のように取ろう．ここに，X, Y, Z の軸の正方向にそれぞれ単位ベクトル r_X, r_Y, r_Z を図のように設定する．指の各関節の設定は図 6.11 に示すこととする．回転角 q_{11}, q_{12}, q_{13} の回転軸はすべて紙面に垂直な方向（すなわち z 軸）にあるが，q_{20} の回転軸は紙面にあり，y 軸に平行である．なお，q_{21}, q_{22} の回転軸は xz 平面に平行な面

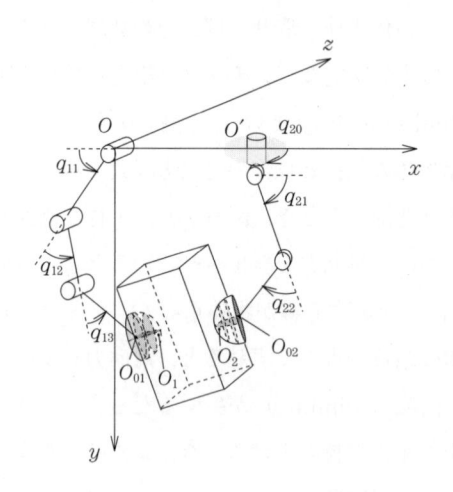

O–xyz はフレームに固定してあるとする．

図 6.11 指一対と物体がつくる全体系の基本フレーム座標系 O–xyz

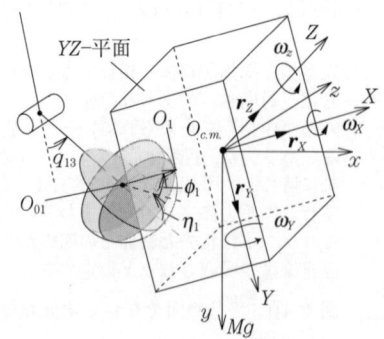

(η_i, ϕ_i) は指の先端の半球に関する球面座標を表す．

図 6.12 物体の回転運動を表すたがいに直交する単位ベクトル r_X, r_Y, r_Z の表示

内に生ずる。対象物体の重心 $O_{c.m.}$ は図 6.12 のように固定した座標系 O–xyz によって位置ベクトル $\boldsymbol{x} = (x, y, z)^{\mathrm{T}}$ で表すことにする。

解析力学や力学の教科書で教えるところによると（文献 6–12), 6–13) 等を参照），剛体の運動は重心の平行移動の速度ベクトル $\boldsymbol{v}(t) = (v_x, v_y, v_z)^{\mathrm{T}}$ と物体に固定したたがいに直交する三つの単位ベクトル $\boldsymbol{r}_X$, $\boldsymbol{r}_Y$, $\boldsymbol{r}_Z$ の時間変化で表される。そこで，時間 t に依存する 3×3 の行列

$$R(t) = (\boldsymbol{r}_X, \boldsymbol{r}_Y, \boldsymbol{r}_Z) \tag{6.6}$$

を導入しよう。これは直交行列となるが，行列式として 1 をもつこのような直交行列の集合を記号 SO (3) で表す。解析力学や剛体力学の教えに従うと，$R(t)$ の時間微分は

$$\frac{\mathrm{d}}{\mathrm{d}t} R(t) = R(t) \Omega(t) \tag{6.7}$$

のように表されるという。ここに $\Omega(t)$ は 3×3 の歪対称行列である。この歪対称性から，$\Omega(t)$ は，結局は

$$\Omega(t) = \begin{pmatrix} 0 & -\omega_Z & \omega_Y \\ \omega_Z & 0 & -\omega_X \\ -\omega_Y & \omega_X & 0 \end{pmatrix} \tag{6.8}$$

の形式をもつことがわかる。じつは，対象物体の瞬時回転ベクトルがこの $\Omega(t)$ の成分を使って $\boldsymbol{\omega} = (\omega_X, \omega_Y, \omega_Z)^{\mathrm{T}}$ と表されねばならないと結論づけられる。剛体としての対象物体は $\boldsymbol{\omega}$ によって回転運動が規定されているのである。時刻 t とともに物体の回転軸はベクトル $\boldsymbol{\omega}(t)$ の向きをとりつつ，大きさ $|\boldsymbol{\omega}| = \sqrt{\omega_X^2 + \omega_Y^2 + \omega_Z^2}$ の回転角速度で姿勢 $R(t)$ を変動させていると解釈できる。ここでは，指先と物体の接触点 O_i $(i = 1, 2)$ の間を結ぶ軸 $\overline{O_1 O_2}$ のまわりでは物体は回転しないと仮定するので，$\boldsymbol{\omega}$ の成分間にさらに非ホロノミック拘束が起こるが，この意味は後で述べよう。接触点 O_i の物体に固定した直交座標系の Y, Z 成分を Y_i, Z_i としよう（図 **6.13**）。直線 $\overrightarrow{O_{01} O_1}$ の方向はベクトル $\boldsymbol{r}_X$ の向きと一致し，直線 $\overrightarrow{O_{02} O_2}$ のそれは $-\boldsymbol{r}_X$ の向きに一致する。図から，つぎ

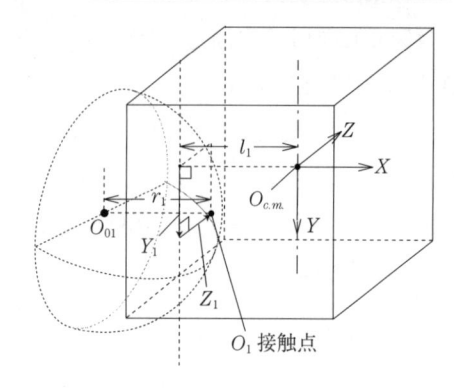

平行側面はYZ-平面に平行である。

図 6.13 対象物体に固定した座標系 $O_{c.m.} - XYZ$

の幾何学的関係が成立することが容易に確かめられよう。

$$\boldsymbol{x} = \boldsymbol{x}_{0i} - (-1)^i (r_i + l_i) \boldsymbol{r}_X - Y_i \boldsymbol{r}_Y - Z_i \boldsymbol{r}_Z, \qquad i = 1, 2 \tag{6.9}$$

まず，指先の半球が物体側面と点接触していることを表す拘束式は，式 (6.9) とベクトル $\boldsymbol{r}_X$ の内積をとることで，つぎのように表される。

$$Q_i = -(r_i + l_i) - (-1)^i (\boldsymbol{x} - \boldsymbol{x}_{0i})^{\mathrm{T}} \boldsymbol{r}_X = 0, \qquad i = 1, 2 \tag{6.10}$$

ころがり接触については，接触点の指先上で表したころがり速度が，物体上で表したころがり速度と方向まで含めて一致しなければならないことから，拘束条件

$$\begin{cases} r_i \dfrac{\mathrm{d}\phi_i}{\mathrm{d}t} = -\dfrac{\mathrm{d}}{\mathrm{d}t} Y_i, \\ r_i \dfrac{\mathrm{d}\eta_i}{\mathrm{d}t} = -\dfrac{\mathrm{d}}{\mathrm{d}t} (Z_i \cos \phi_i) \end{cases} \qquad i = 1, 2 \tag{6.11}$$

が成立する。なお，(ϕ, η) は半径 r_i 球面を表す球面座標系とする（図6.12）。この二つの式は，時間 t で積分できるので，ホロノミック拘束式

$$\begin{cases} R_{Yi} = r_i \phi_i + Y_i + c_{0i} = 0, \\ R_{Zi} = r_i \eta_i + Z_i \cos \phi_i + d_{0i} = 0 \end{cases} \qquad i = 1, 2 \tag{6.12}$$

と同等と見なし得る。ここに c_{0i}, d_{0i} は適当な積分定数であり

$$\begin{cases} \phi_i = \pi + (-1)^i \theta - q_i^{\mathrm{T}} e_i, & i = 1, 2 \\ \eta_1 = -\psi, \quad \eta_2 = \psi - q_{20} \end{cases} \quad (6.13)$$

と表される．θ は ω_Z の不定積分，ψ は ω_Y の不定積分と見なし得るが，それは $\dot{\theta} = \omega_Z$, $\dot{\psi} = \omega_Y$ を意味する．また，式 (6.13) において，$e_1 = (1,1,1)^{\mathrm{T}}$, $e_2 = (0,1,1)^{\mathrm{T}}$ であり，$q_i = (q_{i1}, q_{i2}, q_{i3})^{\mathrm{T}}$ と表すこととした．式 (6.10) と式 (6.12) の六つのホロノミック拘束条件にラグランジュ乗数 f_i, λ_{Yi}, λ_{Zi} ($i = 1, 2$) を対応させて，スカラ関数

$$Q = \sum_{i=1,2} f_i Q_i, \qquad R_0 = \sum_{i=1,2} (\lambda_{Yi} R_{Yi} + \lambda_{Zi} R_{Zi}) \quad (6.14)$$

をつくる．また，物体と指一対の全体系の運動エネルギーとポテンシャルエネルギーを

$$\begin{aligned} K &= \frac{1}{2} \sum_{i=1,2} \dot{q}_i^{\mathrm{T}} H_i(q_i) \dot{q}_i + \frac{1}{2} M(\dot{x}^2 + \dot{y}^2 + \dot{z}^2) \\ &\quad + \frac{1}{2} (\omega_Z, \omega_Y)^{\mathrm{T}} H_0 (\omega_Z, \omega_Y) \end{aligned} \quad (6.15)$$

$$P = P(q_1) + P(q_2) - Mgy \quad (6.16)$$

と表す．$H_i(q_i)$ は指 i の 3×3 慣性行列であり，M は物体の質量，H_0 は物体の対向軸まわりが回転しないときの 2×2 の慣性行列であるが，詳細は後で述べる．また，$P(q_i)$ は指 i のポテンシャルエネルギー，g は重力定数である．そこで，Hamilton の原理

$$\int_{t_0}^{t_1} \left\{ \delta L - u_1^{\mathrm{T}} \delta q_1 - u_2^{\mathrm{T}} \delta q_2 \right\} \mathrm{d}t = 0 \quad (6.17)$$

を適用することにより，指一対と物体に関するつぎのような運動方程式を得る．

$$\begin{aligned} & H_i(q_i)\ddot{q}_i + \left\{ \frac{1}{2}\dot{H}_i(q_i) + S_i(q_i, \dot{q}_i) \right\} \dot{q}_i - \left(\frac{\partial}{\partial q_i} K_0 \right) \\ & \quad - f_i \left(\frac{\partial}{\partial q_i} Q_i \right) - \lambda_{Yi} \left(\frac{\partial}{\partial q_i} R_{Yi} \right) - \lambda_{Zi} \left(\frac{\partial}{\partial q_i} R_{Zi} \right) \\ & \quad + g_i(q_i) = u_i, \quad i = 1, 2 \end{aligned} \quad (6.18)$$

$$M\ddot{\boldsymbol{x}} - \sum_{i=1,2} f_i \left(\frac{\partial}{\partial \boldsymbol{x}} Q_i\right) - \sum_{i=1,2} \lambda_{Yi} \left(\frac{\partial}{\partial \boldsymbol{x}} R_{Yi}\right)$$

$$- \sum_{i=1,2} \lambda_{Zi} \left(\frac{\partial}{\partial \boldsymbol{x}} R_{Zi}\right) - Mg \begin{pmatrix} 0 \\ 1 \\ 0 \end{pmatrix} = 0 \tag{6.19}$$

$$H_0 \dot{\boldsymbol{\omega}} + \left(\frac{1}{2}\dot{H}_0 + S_0\right)\boldsymbol{\omega} - \sum_{i=1,2} f_i \begin{pmatrix} \dfrac{\partial Q_i}{\partial \theta} \\ \dfrac{\partial Q_i}{\partial \psi} \end{pmatrix} + \sum_{i=1,2} \frac{1}{2}\left\{\dfrac{\partial (H_0 \boldsymbol{\omega})}{\partial q_i^{\mathrm{T}}}\right\} \dot{q}_i$$

$$- \sum_{i=1,2} \begin{pmatrix} \lambda_{Yi} \dfrac{\partial}{\partial \theta} R_{Yi} + \lambda_{Zi} \dfrac{\partial}{\partial \theta} R_{Zi} \\ \lambda_{Yi} \dfrac{\partial}{\partial \psi} R_{Yi} + \lambda_{Zi} \dfrac{\partial}{\partial \psi} R_{Zi} \end{pmatrix} = \begin{pmatrix} 0 \\ 0 \end{pmatrix} \tag{6.20}$$

ここに

$$K_0 = \frac{1}{2}\boldsymbol{\omega}^{\mathrm{T}} H_0 \boldsymbol{\omega}, \qquad \boldsymbol{\omega} = (\omega_Z, \omega_Y)^{\mathrm{T}} \tag{6.21}$$

$$H_0 = \begin{pmatrix} I_{ZZ} + \xi_z^2 I_{XX} - 2\xi_z I_{ZX} & I_{YZ} + \xi_y \xi_z I_{XX} - \xi_z I_{YX} - \xi_y I_{XZ} \\ I_{YZ} + \xi_y \xi_z I_{XX} - \xi_z I_{YX} - \xi_y I_{XZ} & I_{YY} + \xi_y^2 I_{XX} - 2\xi_y I_{YX} \end{pmatrix} \tag{6.22}$$

であり，ξ_y, ξ_z は物体が対向軸まわりで回転しないという新たな拘束条件（対向軸と瞬時回転軸が直交すること）

$$\omega_X(x_1 - x_2) + \omega_Y(y_1 - y_2) + \omega_Z(z_1 - z_2) = 0 \tag{6.23}$$

から導かれる式

$$\omega_X = -\xi_y \omega_Y - \xi_z \omega_Z \tag{6.24}$$

$$\xi_y = \frac{y_1 - y_2}{x_1 - x_2}, \qquad \xi_z = \frac{z_1 - z_2}{x_1 - x_2} \tag{6.25}$$

から定められた．なお，物体の運動エネルギー K_0 は重心まわりの慣性行列を用いて

6.4 3次元物体の "Blind Grasp"

$$K_0 = \frac{1}{2} \begin{pmatrix} \omega_X \\ \omega_Y \\ \omega_Z \end{pmatrix}^{\mathrm{T}} \begin{pmatrix} I_{XX} & I_{XY} & I_{XZ} \\ I_{XY} & I_{YY} & I_{YZ} \\ I_{XZ} & I_{YZ} & I_{ZZ} \end{pmatrix} \begin{pmatrix} \omega_X \\ \omega_Y \\ \omega_Z \end{pmatrix} \tag{6.26}$$

と表されるが，この中の ω_X を非ホロノミック拘束式 (6.24) の右辺で置き換えて整理した式が式 (6.21)，(6.22) に相当することに注意されたい．このとき，H_0 の各要素は ξ_y, ξ_z に依存し，結局は q_1, q_2 に依存する．物体の回転エネルギーが指の姿勢に依存することから，指の運動方程式 (6.18) に新たな非線形項 $-(\partial K_0 / \partial q_i)$ が出現することに注意されたい．なお，拘束式 $Q_i = 0$, $R_{Yi} = 0$, $R_{Zi} = 0$ $(i = 1, 2)$ の q_i, $\bm{x}$, θ, ψ に関する偏導関数の導出は省き，結果のみを**表 6.4** に示す．厳密にいえば，θ と ψ は不定なので，Q_i, R_{Yi}, R_{Zi} の θ や ψ に関する偏導関数が拘束条件（特に非ホロノミック拘束を表す式 (6.7) と (6.23) が規定する因果律）に矛盾することなく導出できることを確かめねばな

表 6.4 拘束式と各変数に関する偏導関数

$$\left(\frac{\partial Q}{\partial q_i}\right) = f_i \left(\frac{\partial Q_i}{\partial q_i}\right) = (-1)^i f_i J_i^{\mathrm{T}}(q_i) \bm{r}_X, \quad i = 1, 2 \tag{T-1}$$

$$\left(\frac{\partial Q}{\partial \bm{x}}\right) = f_1 \left(\frac{\partial Q_1}{\partial \bm{x}}\right) + f_2 \left(\frac{\partial Q_2}{\partial \bm{x}}\right) = (f_1 - f_2) \bm{r}_X \tag{T-2}$$

$$\frac{\partial Q}{\partial \theta} = f_1 \frac{\partial Q_1}{\partial \theta} + f_2 \frac{\partial Q_2}{\partial \theta} = -f_1 Y_1 + f_2 Y_2 \tag{T-3}$$

$$\frac{\partial Q}{\partial \psi} = f_1 \frac{\partial Q_1}{\partial \psi} + f_2 \frac{\partial Q_2}{\partial \psi} = f_1 Z_1 - f_2 Z_2 \tag{T-4}$$

$$\left(\frac{\partial R_0}{\partial q_1}\right) = \lambda_{Y1} \left\{ J_1^{\mathrm{T}}(q_1) \bm{r}_Y - r_1 \bm{e}_1 \right\} \\ + \lambda_{Z1} \left\{ J_2^{\mathrm{T}}(q_2) \bm{r}_Z \cos \phi_1 + Z_1 \bm{e}_1 \sin \phi_1 \right\} \tag{T-5}$$

$$\left(\frac{\partial R_0}{\partial q_2}\right) = \lambda_{Y2} \left\{ J_2^{\mathrm{T}}(q_2) \bm{r}_Y - r_2 \bm{e}_2 \right\} \\ + \lambda_{Z2} \left\{ J_2^{\mathrm{T}}(q_2) \bm{r}_Z \cos \phi_2 - r_2 \bm{e}_0 + Z_2 \bm{e}_2 \sin \phi_2 \right\} \tag{T-6}$$

$$\left(\frac{\partial R_0}{\partial \bm{x}}\right) = -(\lambda_{Y1} + \lambda_{Y2}) \bm{r}_Y + (\lambda_{Z1} \cos \phi_1 + \lambda_{Z2} \cos \phi_2) \bm{r}_Z \tag{T-7}$$

$$\frac{\partial R_0}{\partial \theta} = \lambda_{Y1}(l_1 - \xi_z Z_1) - \lambda_{Y2}(l_2 + \xi_z Z_2) \\ + \lambda_{Z1}(Z_1 \sin \phi_1 + \xi_z Y_1 \cos \phi_1) - \lambda_{Z2}(Z_2 \sin \phi_2 - \xi_z Y_2 \cos \phi_2) \tag{T-8}$$

$$\frac{\partial R_0}{\partial \psi} = -\lambda_{Y1} \xi_y Z_1 - \lambda_{Y2} \xi_y Z_2 - \lambda_{Z1} \left\{ r_1 + (r_1 + l_1) \cos \phi_1 - \xi_y Y_1 \cos \phi_1 \right\} \\ + \lambda_{Z2} \left\{ r_2 + (r_2 + l_2) \cos \phi_2 + \xi_y Y_2 \cos \phi_2 \right\} \tag{T-9}$$

らないが，その詳細は文献 6–14) を参照されたい．式 (6.18) は指 i に関するラグランジュ方程式を表し，式 (6.19) は物体の平行移動を表す運動方程式である．式 (6.20) が物体の回転に関する運動方程式であるが，物体の運動はこれらの式 (6.19)〜(6.20) のみから決まるのではなく，非ホロノミック拘束式 (6.7) と (6.23) の拘束も受けて定まるのである．きちんといえば，ホロノミック拘束式 (6.10), (6.12) と非ホロノミック拘束式 (6.7), (6.23) のもとで，ラグランジュの運動方程式 (6.18)〜(6.20) を解かねばならない．あるいは，数値シミュレータをつくるときは，ホロノミック拘束と非ホロノミック拘束をつねに満足させつつ，ラグランジュの運動方程式をルンゲ・クッタ法によって求積させねばならない．これらの詳細は文献（6–14), 6–15) を参照）にゆずる．なお，式 (6.20) の S_0 については文献 6–14) で詳述されている．

3 次元物体把持についても "blind grasping" が安定的に実現できるだろうか．最初に，指も物体も重力の影響を受けない場合を考えよう．これは，宇宙空間に飛び出した人工衛星の内外で実現される無重力空間で，宇宙飛行士が硬い（rigid）手袋をして物体操作する様を想定することに近い．制御入力信号として次式を考えよう．

$$u_i = -C_i \dot{q}_i + (-1)^i \frac{f_d}{r_1 + r_2} J_i^{\mathrm{T}}(q_i)(\boldsymbol{x}_{01} - \boldsymbol{x}_{02}), \qquad i = 1, 2 \quad (6.27)$$

ここに C_i は正定な対角行列であり，対角要素は対応する関節のダンピング係数となる．式 (6.27) の右辺の第 2 項はほぼ対向力に対応する．対向力の大きさを規定する f_d は物体の質量に対応させて決めるほうがよいが，0.01〜0.5 kg の範囲であれば，係数 $f_d/(r_1 + r_2)$ をざっと 25〜100 N/m としてよい．実際に，式 (6.23) の制御信号を指のダイナミクスを表す式 (6.18) に代入し，上述したように拘束条件のもとで数値シミュレーションを行った結果を図 6.14 に示す．このときの指と物体の物理パラメータを表 6.5 に，初期条件を表 6.6 に，制御信号のゲインを表 6.7 に示す．この結果から，時間の経過とともに ($t \to \infty$)，つぎの式が示す平衡状態（安定把持に対応）に収束していることがわかる．

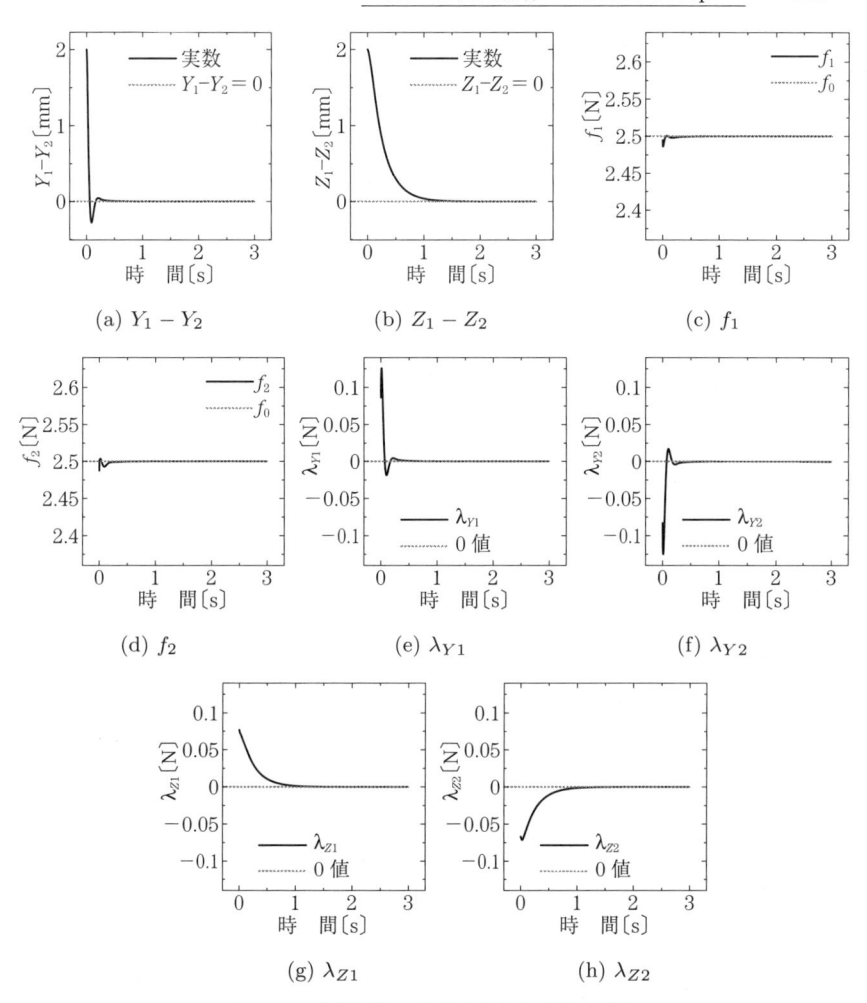

6.4 3次元物体の "Blind Grasp"　　147

図 6.14 各物理量の過渡応答と収束性の様子

$$\begin{cases} Y_1 = Y_2, \quad Z_1 = Z_2 \\ f_1 = f_2 = f_0, \quad \lambda_{Y1} = \lambda_{Y2} = 0, \quad \lambda_{Z1} - \lambda_{Z2} = 0 \\ \dot{q}_1 = 0, \quad \dot{q}_2 = 0, \quad \dot{\boldsymbol{x}} = 0, \quad \omega_Y = \omega_Z = 0 \end{cases} \quad (6.28)$$

ここに，$f_0 = \{1 + (l_1 + l_2)/(r_1 + r_2)\} f_d$ であり，l_i は物体の平行な側面の質量中心からの距離（したがって，$l_1 + l_2$ が物体幅を表す）を表す．このシミュ

表 6.5 指と物体の物理パラメータ

$l_{11}=l_{21}$	長さ	0.040 m
$l_{12}=l_{22}$	長さ	0.040 m
$l_{13}=l_{23}$	長さ	0.030 m
m_{11}	重さ	0.043 kg
m_{12}	重さ	0.031 kg
m_{13}	重さ	0.020 kg
l_{20}	長さ	0.000 m
m_{20}	重さ	0.000 kg
m_{21}	重さ	0.060 kg
m_{22}	重さ	0.031 kg
m_{23}	重さ	0.020 kg
I_{xx11}	慣性モーメント	5.375×10^{-7} kgm^2
$I_{yy11}=I_{zz11}$	慣性モーメント	6.002×10^{-6} kgm^2
I_{xx12}	慣性モーメント	3.875×10^{-7} kgm^2
$I_{yy12}=I_{zz12}$	慣性モーメント	4.327×10^{-6} kgm^2
I_{xx13}	慣性モーメント	2.500×10^{-7} kgm^2
$I_{yy13}=I_{zz13}$	慣性モーメント	1.625×10^{-6} kgm^2
I_{xx21}	慣性モーメント	7.500×10^{-7} kgm^2
$I_{yy21}=I_{zz21}$	慣性モーメント	8.375×10^{-6} kgm^2
I_{xx22}	慣性モーメント	3.875×10^{-7} kgm^2
$I_{yy22}=I_{zz22}$	慣性モーメント	4.327×10^{-6} kgm^2
I_{xx23}	慣性モーメント	2.500×10^{-7} kgm^2
$I_{yy23}=I_{zz23}$	慣性モーメント	1.625×10^{-6} kgm^2
r_0	リンク（円筒）半径	0.005 m
$r_i(i=1,2)$	指先半径	0.010 m
L	底辺の長さ	0.063 m
M	物体の重さ	0.040 kg
$l_i(i=1,2)$	物体の幅	0.015 m
h	物体の高さ	0.050 m

レーションでは，z 軸まわりの関節角速度 $\dot{q}_{ij}$ の係数である各関節のダンピング定数 c_i はすべて同じにした（すなわち，$c_i = 0.006$）．しかし，図 6.11 に示すように，z 軸まわりの指の関節は 5 個あるのに，y 軸まわりの関節は 1 個しかない．すなわち，関節角 q_{20} だけが物理量 $Z_1 - Z_2$ に直接的に効いている．このため，図 6.14 に見られるように，$Z_1 - Z_2$ と λ_{Zi} ($i=1,2$) の収束は $Y_1 - Y_2$ と λ_{Yi} ($i=1,2$) のそれと比べて，数倍程度は遅くなっていることに気がつく．そこで，収束速度がすべて平等になるようにするには，$\dot{q}_{20}$ のゲインを小さくすればよいことに気がつくが，実際そのようにすると予測どおりの収束性が得ら

表 6.6　初期値

q_{11}	初期角度	$6.000 \times \pi/18\,\mathrm{rad}$
q_{12}	初期角度	$2.678 \times \pi/18\,\mathrm{rad}$
q_{13}	初期角度	$8.474 \times \pi/18\,\mathrm{rad}$
q_{20}	初期角度	$-1.975 \times \pi/18\,\mathrm{rad}$
q_{21}	初期角度	$4.311 \times \pi/18\,\mathrm{rad}$
q_{22}	初期角度	$5.687 \times \pi/18\,\mathrm{rad}$
q_{23}	初期角度	$6.000 \times \pi/18\,\mathrm{rad}$
$Y_1 - Y_2$	初期位置	$0.002\,\mathrm{m}$
$Z_1 - Z_2$	初期位置	$0.002\,\mathrm{m}$

表 6.7　制御記号と CSM 法に用いたパラメータ

f_d	1.000 N	$c_i\ (i=1,2)$	0.006
c_{q20}	0.001	$\gamma_{\lambda_{Yi}}\ (i=1,2)$	3 000
$\gamma_{\lambda_{Zi}}\ (i=1,2)$	3 000	$\omega_{fi}\ (i=1,2)$	225.0×10^4
$\omega_{\lambda_{Yi}}\ (i=1,2)$	225.0×10^4	$\omega_{\lambda_{Zi}}\ (i=1,2)$	225.0×10^4

れていることも，ここで指摘しておこう．

　地上において，物体把持は重力の影響のもとにある．3 次元物体把持の重力下での検討はいまだ研究途上にあるので，ここではこれ以上の議論はしない．ここでは，最近，あるいは近未来に出版されるであろう文献のみを挙げておく (6-14), 6-15) 参照)．

章　末　問　題

【1】 2 次元平面上で与えられた出発点 $(x(0), y(0))$ を初速度 0 で出発し，目標点 $\boldsymbol{x}_d (= (x_d, y_d))$ に時刻 $t_1(>0)$ において速度 0 で滑らかに到達する曲線 $(x(t), y(t))$ のうち，式 (6.1) で定義したコスト関数を最小にする曲線を定めよ．

【2】 先の問題に続いて，$x(t)$ の加速度を $a(t) = \mathrm{d}^2 x(t)/\mathrm{d}t^2$ と表すことにし，位置，速度の条件に加えて，$a(0) = 0$, $a(t_1) = 0$ を満たす時間関数 $x(t)$ を考える．その中には，$a(t)$ が極大点と極小点をもつような双峰的な t の 3 次の多項式で表されるものがあり得ることを示せ．

【3】 時間区間 $t \in [0, t_1]$ で定義された関数 $x(t)$ は 3 回連続微分可能であり，つぎの条件を満たすとする．

　i)　$x(0) = x_0$, 　$x(t_1) = x_d$

　ii)　$\dot{x}(0) = 0$, 　$\dot{x}(t_1) = 0$

iii) $\ddot{x}(0) = 0, \quad \ddot{x}(t_1) = 0$

iv) $\mathrm{d}^3 x(t)/\mathrm{d}t^3$ は連続である。

そのような関数の中でつぎの動作指標を最小にする $x(t)$ は t の 5 次の多項式で表されることを示せ。

$$\min \int_0^{t_1} \left\{ \frac{\mathrm{d}^3}{\mathrm{d}t^3} x(t) \right\}^2 \mathrm{d}t$$

【4】 図 6.10〜6.13 を参照して，指一対の対向軸（O_1 と O_2 を結ぶ直線）まわりで把持物体が回転しないという条件を求めよ。ここに把持物体の重心 $O_{c.m.}$ に取り付けた直交軸 X, Y, Z のそれぞれのまわりの回転角速度を ω_X, ω_Y, ω_Z とせよ（図 6.12 を参照）。

【5】 指一対による物体把持について，対向軸まわりには回転が起こらないという拘束条件で物体の回転エネルギーを表す式を求めよ。

【6】 指一対による物体操作を表す方程式 (6.18)〜(6.20) が式 (6.17) の変分原理から導出されていることから

$$\sum_{i=1,2} \frac{\boldsymbol{\omega}^{\mathrm{T}}}{2} \left\{ \frac{\partial (H_0 \boldsymbol{\omega})}{\partial q_i^{\mathrm{T}}} \right\} \dot{q}_i - \sum_{i=1,2} \dot{q}_i^{\mathrm{T}} \left(\frac{\partial}{\partial q_i} K_0 \right) = 0 \quad (6.29)$$

が成立しなければならないことを示せ。

【7】 3×3 行列 $R(t)$ は式 (6.6) で定義された直交行列（SO (3) の行列）とするとき

$$R^{\mathrm{T}}(t) \dot{R}(t) = \Omega(t)$$

となることを示せ。

【8】 式 (6.9) から次式が成立することを示せ。

$$\boldsymbol{x}_{01} - \boldsymbol{x}_{02} = R^{\mathrm{T}}(t)(-l_w, Y_1 - Y_2, Z_1 - Z_2)^{\mathrm{T}} \quad (6.30)$$

【9】 式 (6.30) からつぎの式が成立することを示せ。

$$\frac{\mathrm{d}}{\mathrm{d}t} \frac{1}{2} \|\boldsymbol{x}_{01} - \boldsymbol{x}_{02}\|^2 = \frac{\mathrm{d}}{\mathrm{d}t} \frac{1}{2} \left\{ (Y_1 - Y_2)^2 + (Z_1 - Z_2)^2 \right\}$$

7 脳科学から見たロボティクス

われわれの巧みな身体運動がどのようにして生成されるか，源をたどって行くと，関節に関与する筋や腱，筋活動を促すニューロモータ信号，信号の生成源と考えられる脳の皮質，1次運動野にたどりつく．ここでは，身体運動に関与する脳機能の諸要素を，ロボティクス研究とどのように関係するかという観点に立って，概括しておこう．

脳科学は，今世紀に残された自然科学の最大の研究目標であるといわれる．ここでは脳科学からなにを学ぶか，という観点に立脚して，身体運動にかかわる脳科学の学問体系の一部をまとめ，概括するが，一方，ロボティクス研究が脳科学の研究最前線に寄与する方向性もあり得ることを示唆してみたい．

最後の節では，パーソナル利用のロボットとして商品化が最も期待できるコミュニケーションロボットについて，研究開発の最前線とその研究課題を紹介する．

7.1 身体運動と脳科学

身体運動の巧みさは，一般的な物理原理で記述しつくせるものでないことは6.1節で論じた．身体運動の巧みさは，文脈依存であるからである．しかし，ある典型的な作業では，巧みさがニュートン力学から出てくる力学的原理を取り込み，習熟したことの反映と見なせることも知った．腕と手の冗長多関節を用いる到達運動では，大人になる過程で何度も到達運動を繰り返し，脳からの制御信号は，関与する筋肉の励起のさせ方を調整するべく，変化し，習熟した司令を身

につけていく。よく知られているように，熟練を要する目標作業では，試行の初期段階では人によって筋肉の使い方はさまざまであるが，習熟してくると，みんなが同じ筋肉群を同じように励起させるようになることがわかっている。ここに，目標作業のそれぞれにおいて，なんらかの力学的支配原理が働いていることが想像できる。冗長関節系を用いた到達運動では，その力学的支配原理として"仮想ばね・ダンパ"仮説が考えられることを論じた。人の2本指の精密把持（ピンチング）には，対向力に基づく安定把持の力学原理があり得ることも示した。おそらく，人間の脳と筋肉は，人類進化の長いプロセスを経て，このようなさまざまにあり得ると思える力学原理を，幼児の段階で，自然に取り込むことのできる能力を獲得するに至ったのであろう。すなわち，対向する拇指を発達させた形態的変化は，手指の機能を発展させ，それはまた新たな形態変化を促したが，ネイピアは，その本 1-2) の中で，このことを "John Hunter's principle that "structure was the intimate expression of function" and that function was conditioned by the environment," というと述べ，人類学の視座を3偉人の名を借りて，つぎのようにまとめている。"John Hunter turned our attention from the structure of the hand to its function, Charles Bell related the function of the hand to the environment, and Darwin demonstrated that the environment, by process of natural selection, gave birth to structure."

そこで，このような脳や手の機能の発展（多種多様の巧みさを獲得し得る能力）をなし得た人類の脳と筋肉の働きを見ておかねばならない。始めに，筋肉の働きをざっと説明しておこう。手を動かしたいという**自由意思**（intention）が起こると，大脳皮質のどこかからつくられた命令を運ぶ司令信号が大脳皮質運動野に届き，錐体ニューロンという巨大な細胞（運動野ニューロン）の一群を励起して活動電位のパルス列を生成させる（図 **7.1**）。1.6節の図 1.10 で見たように，運動野で特に手指が大きな面積を占めるのは，手指の関節運動を支配する筋肉と腱の一群の中でさまざまな組合せに対応してさまざまなパルス信号列を励起させ得ることに対応する。大脳皮質における錐体ニューロンの密度は一様なので，運動野で占める面積の度合いは，より微妙で多様な運動の調節につなが

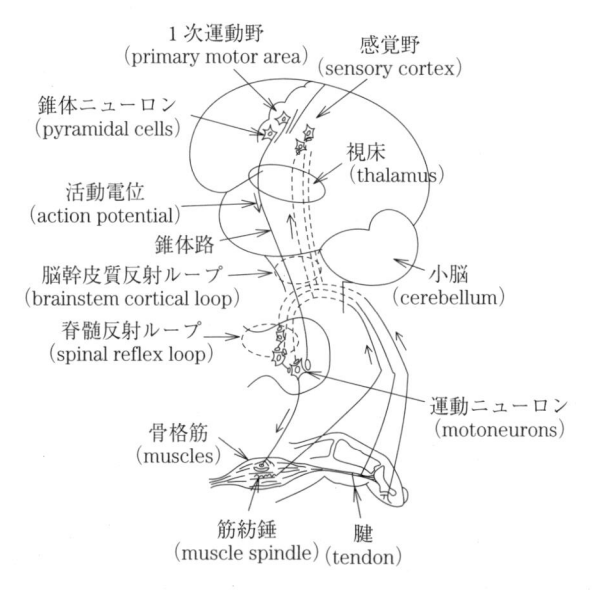

図 7.1 大脳皮質運動野から骨格筋に至る運動神経回路

り得ることを示唆している．運動野から送り出された活動電位パルス列は錐体路と呼ぶ神経軸索線維の束を通して脊髄へと下行し，運動させようとする関節に働き掛ける骨格筋を支配する運動ニューロンに達する．この錐体ニューロンの軸索と運動ニューロンとの接合部をシナプスというが，ここに活動電位が到着するとアセチルコリンと呼ぶ化学物質が放出され，運動ニューロンの細胞膜の受容体と結合して脱分極が起こる（これをシナプス電位と呼ぶ）．一つの活動電位パルスによって生じるシナプス電位は小さいが，短い間隔で到着するパルス列によって生じたシナプス電位は重なり合って大きくなり，発火レベルに達して運動ニューロン軸索に活動電位を発生させる．運動ニューロンと筋細胞との接合部においてもアセチルコリンの放出が起こるが，この神経筋細胞への接合部ではただ一つの電位パルスで大量のアセチルコリンが放出されるので，筋細胞の細胞膜にインパルス的な活動電位を発生させることができる．運動ニューロンの軸索は脊髄から出て骨格筋に入る際に枝分かれし，個々の筋細胞と神経筋接合部を形成していることに注意しておきたい（図 7.1）．

われわれ人間の筋肉には，大きく分けて，関節を動かす骨格筋と心臓の筋肉である心筋の2種類がある．後者は休みなく活動するが，前者は運動ニューロンから活動電位インパルスが伝えられたときのみ活動する．ここでは骨格筋の働きをざっと説明しておこう[7-1),7-2)]．骨格筋の構造を分解して図 **7.2** に示す．筋肉は多数の筋細胞（筋線維）の束からなるが，個々の筋線維は筋原線維の多数の束からなる．筋原線維は2種類の筋フィラメントの束であり，その一つはアクチンフィラメント，もう一つはミオシンフィラメントである．これらが交互に周期構造をなして束となっている．これらの筋フィラメントは，一つはアクチンという巨大なタンパク質からなり，他方はもっと巨大なミオシンタンパク質からなる．ミオシンは分子量が約50万の巨大タンパク質でオタマジャクシのような頭を二つもち，首部を経て長い尾部をもち，全体の長さは150 nm もある．アクチンは分子量が約4万の球形のタンパク質であり，その直径はおよそ5 nm である．ミオシンフィラメントの軸はミオシンの尾部が束になったも

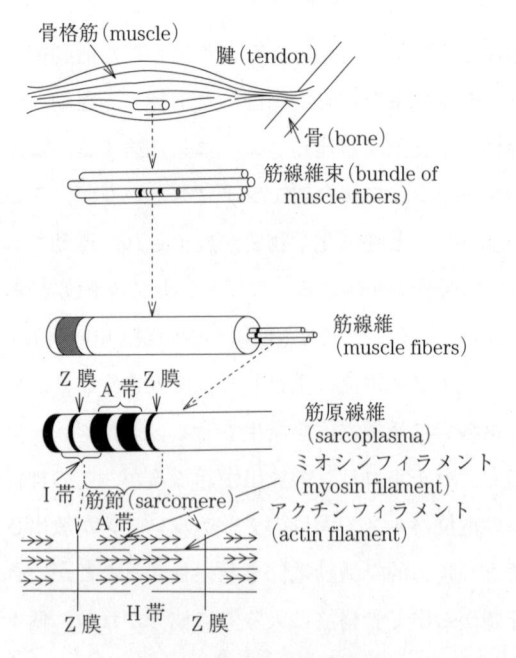

図 **7.2** 骨格筋の構造説明

ので，ミオシンの頭部はこのミオシンフィラメントの軸面から突き出している。アクチンフィラメントは，球形のアクチン分子が結合してできた2本のフィラメントが，らせん状により合わさった形をしている。これら筋フィラメントは立体格子状の構造をつくるとともに，筋肉の長さ方向に沿って周期的な繰返しをつくり，この1周期はZ膜で区切られ，これを筋節と呼ぶ。筋節の長さは約$2\mu m$である。ミオシンフィラメントは筋節の中央にあり，Z膜から左右に伸びたアクチンフィラメントと平行に向き合っているが，そのためにミオシンフィラメントから突き出たミオシン頭部はアクチンフィラメントと容易に結合できるほどの近くに位置することになる。

筋肉の収縮は，たがいに向き合ったミオシンフィラメントとアクチンフィラメントの間の「滑り」から引き起こされることがわかっている。神経筋接合部におけるアセチルコリンの放出によって引き起こされた活動電位（インパルス）が筋細胞に伝わると，まず，ミオシン頭部とアクチンフィラメントが結合し，ミオシン頭部にATP分解と呼ぶ化学反応が起こり（ATPはアデノシン三リン酸と呼ぶ化合物であるが，ここでは詳細は省略する代わりに参考書7-3)を推奨する），ミオシン頭部に保持されていた化学エネルギーが放出され，ここになんらかの力学的エネルギーの変換が起こってミオシン頭部の回転を引き起こし，アクチンフィラメント上をわずかに滑ると考えられている。この個々のミオシン頭部の滑りが筋肉の長軸上の同じ収縮方向に総体的に起これば，ミオシンフィラメントとアクチンフィラメントがたがいに滑り合うことになり，これら全体が筋肉収縮という力学的エネルギーの変換現象につながることになる。このときの個々のミオシン分子の構造変化の実態は究明されてはいないが，ATP反応に伴って個々のミオシン分子がアクチンフィラメント上をころがる様子が柳田敏男等[7-4),7-5)]の実験によって観測されている。

ATP反応で起こる化学エネルギーが二つのフィラメントの「滑り」という力学的エネルギーに変換されるメカニズムについては，二つの仮説がある。ミオシンの頭にATPが付くと頭が変形し，首を一振りして，ATP1個につき1歩，機械的に前進するという「首振り説」は，いまからほぼ半世紀も前に，A.F.

ハクスレイ（Huxley）によって唱えられた[7-6]。これに対して「柳田説」では，ミオシンの頭の形が変わると，アクチンとの結合が緩み，ミオシンは周囲の熱雑音（thermal noise）によってランダムにゆらぎ，ブラウン運動を始めるとする。ATP反応の化学エネルギーは，滑りの方向を定める舵取り（頭の傾斜具合）の役を演じ，力学的エネルギーの大部分は熱雑音からの変換による，とされる。このことは，タンパク分子単位での観察によって裏づけられた，と主張されている[7-5]。

骨格筋には筋紡錘と呼ぶ紡錘形をした感覚器官が中央にあり[7-1),7-7]，その両端は骨に付着する腱と結合している（図**7.3**）。筋紡錘の中心にある心棒構造には神経が巻きついており，周囲の筋線維とともに筋紡錘が引っ張られるとこの神経は活動電位パルスを繰り返し発生させる。感覚神経は脊髄に入ると枝分かれし，一方は運動ニューロンとシナプスを形成し，他方は脊髄中を上行して脳幹部に達する。筋紡錘は筋肉が引っ張られる状態（長さ）を感知するセンサの役割を果たすが，その感覚信号は大脳皮質にまでは伝わらない。しかし，脳幹部の複雑な神経回路で処理された信号は運動ニューロンに伝わり，精妙な筋肉運動をほぼ自動的に（小脳からなんらかの調節信号が届いているかもしれないが），コントロールしている。すなわち，重力に逆らって姿勢を保つ働きと，四肢の3次元的な位置決め制御のそれである。われわれが直立したり，座ったり

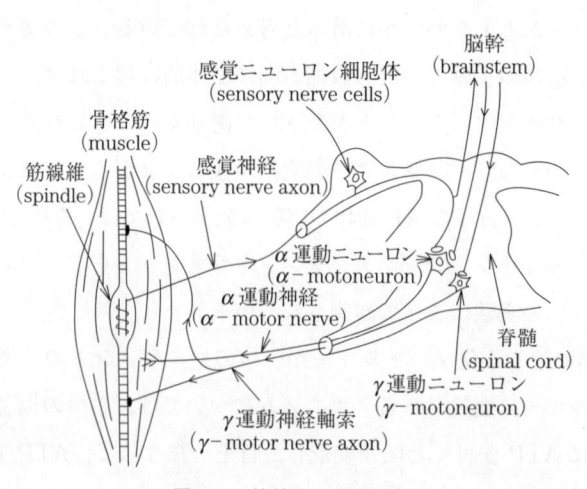

図 **7.3** 筋紡錘と脊髄反射

して同じ姿勢を無意識に保っているとき，一部の筋肉が重力に抗して力をつねに発生させているが，このような筋肉を抗重力筋と呼ぶ．抗重力筋の収縮は自由意思による制御司令ではなく，筋紡錘から発生して求心性インパルスが脊髄内に伝わり，脊髄の中の反射回路を経て遠心性インパルスが送り出され，筋細胞を励起して抗重力筋を収縮させる．これを伸張反射という．これは脊髄反射の一つであるが，これ以外に関節を伸長させる筋肉（伸筋）と曲げる筋肉（屈筋）の間で起こる反射がある[7-8),7-9]．これを相反性抑制と呼ぶ．

骨格筋の中にある長さ数 mm の筋紡錘の心棒に巻きついている数本の細い筋線維（錘内筋線維と呼ぶ）は筋の伸びを感知するレセプターであるが，これを収縮する作用をもった γ 運動線維がここに接続している．γ 運動線維は脊髄の γ 運動ニューロンから伸びており，ここを通って信号が送られて来ると，錘内筋線維が収縮し，レセプターが引っ張られて活動が高まり，骨格筋の伸長に対する感受性が増大する．前に述べた 1 次運動野からの運動司令の信号を受けて直接的に骨格筋に働き掛ける運動ニューロンを α 運動ニューロンというが，脳の上位中枢が運動司令を出すとき，これら脊髄にある α 運動ニューロンとともに，γ 運動ニューロンにも司令信号は届いており，このような信号の働きを $\alpha-\gamma$ 連関と呼ぶ．骨格筋の収縮では，α 運動ニューロンを興奮させて骨格筋を収縮させると，普通は同時に，γ 運動ニューロンの筋紡錘の活動も高まる．筋が収縮していくうちに筋紡錘の活動も弱まるが，この活動低下に見合うように γ 運動ニューロンが働き，筋長変化をモニターして生成した感覚信号が脊髄を経て大脳や小脳に送り出される．脊髄反射の強弱やタイミングは脊髄より上の上位中枢によって制御されていることもわかっている．

7.2 ロボティクス研究と脳科学

腕と手の冗長自由度多関節系の到達運動については，手先がスプリングとダンパーによる並列メカニズムによってプーリーを通して引っ張られるように各関節が制御されると，自然な運動が生成されることを示した．このことは各関

節の関与する屈筋と伸筋の相反性抑制の様式が重要な役割を果たしていることを示唆する。しかし，そこには屈筋と伸筋の相互作用のタイミングや収縮，伸長の強弱のアクセントがもっと複雑で微妙に作用していると思われる。このような四肢の運動の微妙な調節には，小脳が重要な役割を担っていることは脳科学が教えるところである。昔から，小脳の損傷によって起こる運動機能障害の症状から，小脳の役割の重要さはよく認識されていた[1-2]。実際，どのような症状が現れるか，第一次世界大戦中の戦傷者の調査に基づいて小脳症状としてまとめられている[7-9]。

小脳は大脳皮質の後部のすぐ下にある（図1.5(a) 参照）。小脳からの出力信号は，唯一の出力細胞であるプルキンエ細胞の軸索を通して小脳核に送られている。小脳は入力・出力の構成から大きく三つの部分に分けられる。一つは前庭小脳と呼ばれる部分で，内耳の前庭から頭部の位置や動きに関する情報を受け，処理した情報を小脳核を通して脳幹の前庭神経核に送る。その出力は頭を含めた身体の姿勢調節や眼球運動を調節する。第二は，脊髄小脳と呼ばれ，全身の皮膚，筋肉，関節の感覚情報を入力とし，出力は脳幹の網様体核と前庭神経核に送られ，ここから脊髄に送られる。脊髄反射のタイミングや強弱はこの出力を通しても調節されている。第三は大脳皮質小脳と呼ばれる。大脳皮質から送られた情報は，脳幹の橋核と下オリーブ核を経由して小脳皮質に至る。橋核からは小脳にたくさんの線維を送り出しており，小脳半球の大部分に入力し，そして情報処理された出力は視床に送られ，大脳の1次運動野と運動前野に送られる。この部分で，大脳と小脳は情報の授受を行い，運動の調節を図り，運動の学習にもかかわっていると考えられている。

小脳の運動調節に果たす役割が最初に明らかにされたのは，伊藤正男[7-10]による前庭動眼反射の研究である。それは，頭部が絶えず動いても，視線を一定に保つ眼球運動の反射系の仕組みの解明である。この視線の安定化を図る仕掛けは脳幹神経回路にしくまれている。この説明に入る前に，小脳におけるニューロンネットワークを説明しておこう（図 **7.4**）。小脳皮質の構造は規則的で，5種類の細胞と2種類の入力線維が折り合わさった配列が結晶のような一様構造

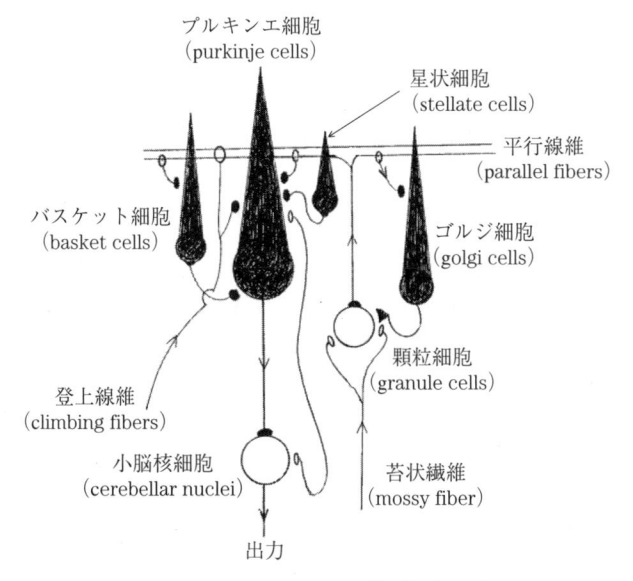

図7.4 小脳に入る神経線維と細胞の種類

をしている。小脳核につながる唯一の出力信号は抑制性で（ニューロンや，それが脱分極したときの活動電位の抑制性，興奮性の区別はここでは説明しない。詳しくは入門書[7-1),7-2)]を参照されたい），プルキンエ細胞から来る。小脳への入力線維の一つは脊髄や橋核，前庭神経核からの入力を運ぶ苔上繊維であり，信号は顆粒細胞に接合する。もう一つの入力は脳幹の下オリーブ核から発して伝わる登上線維である。顆粒細胞の出力を選ぶ軸索は小脳の皮質表面に入り，平行線維となってプルキンエ細胞の樹上突起にシナプス接続する。ほかにも，バスケット細胞と星状細胞が平行線維からの入力を受けて興奮し，その出力でプルキンエ細胞を抑制する。そのほかにゴルジ細胞があるが，これは直接的にはプルキンエ細胞に接続せず，平行線維の入力を受けて活動し，その出力は顆粒細胞が苔上繊維から入力を受けるシナプスに送られ，顆粒細胞の過剰な興奮を抑える負帰還回路を構成している[7-9),7-11)]。

さて，頭が動くと，眼球の中の網膜上の像が動くが，その変動信号は下オリーブ核に伝えられ，登上線維を経て顆粒細胞に伝えられる。ここでもし，前庭動

眼反射がうまく作動せず，頭が動くたびに網膜上の視覚像がずれると，その変化のなんらかの総体が，顆粒細胞からプルキンエ細胞にシナプス接合する際の伝達効率を変化させて，補正を行っていると考えよう．このシナプス伝達効率の修正が可塑性であり，記憶であると見なそう．そうすると，頭部の動きに対する眼球の動きの逆モデルがここに（小脳）形成されたと見なせるのではないか．これが伊藤[7-10]による内部モデル仮説である．

内部モデル仮説の英明さは，眼球運動を固定する制御信号がフィードフォワード様式で構成できることにあった．図7.5の様式で，頭が動くとき，内耳三半規管が検出した信号は前庭神経核→動眼神経核→眼筋という前庭動眼反射（反射弓という）を経て眼球を動かす．このとき，眼球の内直筋を収縮させ，外直筋を弛緩させる．この主ループに対して，上述の網膜→下オリーブ核→登上線維→プルキンエ細胞の経路はサイドループとして働き，眼球の外直筋にのみ働く．このサイドループは抑制性と見なせるが，主ループに対する負のフィードバックのパスとなっていない．したがって，この小脳を介したサイドループを伝わる制御信号はフィードフォワードであらねばならなかった．

小脳の役割に関するこの発見は1970年代の脳科学の最大の成果であった．そのため，伊藤仮説は拡大解釈されて，四肢の運動についても巧みな位置決めが誤

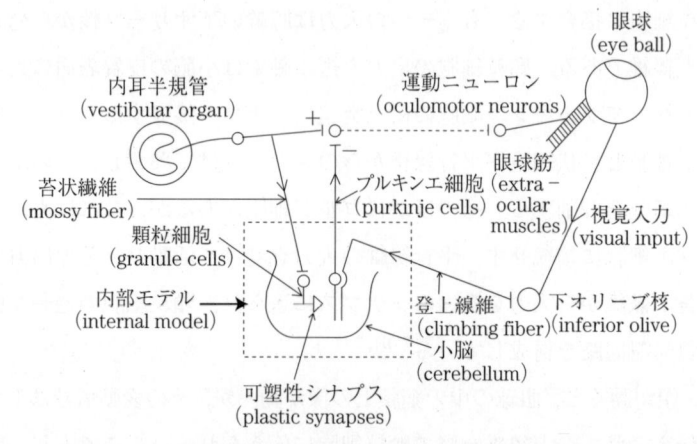

図7.5 前庭動眼反射に対する制御系（小脳内部モデル説）

差フィードバック学習によって小脳に自動的に，逆ダイナミクスが形成されるのではないか，と主張された[7-12]。しかし，冗長自由度をもつ関節系である全腕の到達運動や，手指による物体操作のダイナミクスが詳細にモデル化されてみると，そもそも逆モデルや逆ダイナミクスは理論的にあり得ないことが判明する。逆ダイナミクスが存在しなくても，しかも順ダイナミクスが冗長自由度であったり，非ホロノミック拘束を受けたり，劣駆動であったりしても，簡明で単純な制御入力が構成し得ることが明らかにされ出してきた。その結果，運動生成について，つぎのような考えを進めることも可能であろう。

(1) たとえ小脳に内部モデルが形成されると想定するにしても，それは1次あるいは2次の遅れ系（入出力関係が1次や2次の線形微分方程式で表されるようなシステム）で十分である，つまり，それは，1次，2次のフィルタの役目を果たしながら，筋肉系への抑制的なダンピング調節につながると考える。

(2) 逆モデルの生成回路は小脳にあると仮定せずとも，脳幹や脊髄の反射神経回路で構成でき得るかもしれない。現在，PETやfMRIで観測されるようになった小脳のアクティビティは，おもに顆粒細胞と抑制性のプルキンエ細胞によって構成されるフィルタの動作と，学習によってその時定数やゲイン調節をつねに活発に，しかし，微妙に行っている結果である，と考えることもできる。

(3) もう一つ，1次運動野のニューロンは，その一つずつが対応する関節の一つずつの筋肉につながっているのではなく，一群の脊髄ニューロンにシナプス結合し，脊髄ニューロン自身も一群の骨格筋に信号を送り出している。このことを**マッピング**と呼ぼう。運動野のある数百個にもわたる一群の運動野ニューロンが興奮すると，複数の骨格筋がマッピングによってシナジスティックに協調しながら，収縮することができる。しかも，運動野ニューロンの選択は固定しているわけではない[7-12]。フクロウザルを用いた実験で，中指の先を切除した後，運動野に微小電極を刺して観測した結果が報告されており（文献7-13）のpp.138〜139を見よ），中指の動きに

関与していた運動野の局在部は，中指の切除後，徐々に隣接する人差指や薬指に関与する機能局在に変わっていく．つまり，運動パターンは運動野の機能局在の中で移動可能（translational）なのである．したがって，学習によってつくり出されるニューロンネットワークが大脳中枢につくられるとしてもおかしくはない．さらに，1章で述べたように，人が意識下に置くことのできる体性感覚 "proprioception" がどこで記憶されるかが問題である．手の姿勢が認知できれば，それは目標姿勢へと向かうポテンシャル生成に対応する信号（それは，複数の筋肉群を動かす力学的エネルギーに変換される）を大脳中枢のどこかが生み出せば，筋肉は時間的遅延を伴いながら収縮を進展させ，あるいは屈筋と伸筋の coactivation を引き起こしつつ，手の全体的な運動がシナジスティックに進む，と考えることもできる．学習が進めば，意識下にあった proprioception 感覚は，意識下から放たれるが，学習結果が大脳皮質から小脳へ，また脳幹と脊髄の反射回路系へと同時に分配され，マッピングを形成させ，記憶として沈潜していくと思ってもいい．

(4) 著者の私見であるが，冗長多関節運動で示した式 (6.5) の制御入力では，$-J_k^T \Delta x$ が α 運動ニューロンによる筋肉のポテンシャル力生成に対応し，ダンピングをつかさどる速度フィードバック $-\zeta\sqrt{k}\dot{x}$ は小脳の1次フィルタで構成できる速度オブザーバに基づいてつくられ，これが筋肉の抑制的な働きを反映すると思いつつある．指についても，式 (6.27) の第2項は対向力に相当し，これは人間の場合，1次運動野からのパターン生成信号がフィードフォワード様式で一群の運動ニューロンを励起し，ミオシンフィラメントとアクチンフィラメントの滑りを引き起こして，時変的にポテンシャルを生成させ，指の筋肉群を駆動する．物体の重力が影響すると，制御入力には，物体の質量推定 $\hat{M}$ や，指関節たちの動きを抑制するトルク信号を与える必要が起こってくる．非ホロノミック拘束がある3次元ピンチングには，逆ダイナミクスはあり得ないが，制御信号はポテンシャル生成のための信号と1次フィルタで構成された抑制的な働きを与える信号，等

の**重ね合せの原理**（principle of linear superposition）で構成され得るのである。これは脳のニューロンネットワークの信号が活動電位で伝わるという物理的性質とキルヒホッフの法則，ならびに解析力学におけるダランベールの原理が見事に共生し得るからである。ここに著者は自然の摂理を見る。小脳の働きは精妙な速度調節をつかさどる抑制的な運動調節にあるように思えてくる。

(5) 図1.5(b)で述べたブローカの言語野に対応して，ウェルニッケの言語感覚野があることにも言及しておきたい。われわれが言葉を覚え，話し出すとき，早くから文法に則した構文を作れるのは，発話が外界と相互作用して受けた感覚が興奮性の神経ネットワークだけでなく，抑制性の神経ネットワークを通していることからくるのかもしれない。そして，外界との相互作用を代行する反応を脳のどこかが（大脳基底核か小脳かどうか），受け持つようになったのかもしれない。

脳科学ではイメージやエピソードの記憶は海馬にあるとされている（図1.5(a)）。しかし，ニューロンがシナプス接合する所には，すべて記憶の痕跡がとどまるはずである。1次運動野ニューロンの一群は，運動パターンの生成器としての役割を担うが，パターンの生成の仕方とマッピングそのものが記憶であろう（意識にはのぼらないが）。

あらゆる場面で，熟練しさえすれば，巧みさを発揮する脳内ニューロンのネットワークの詳細は，いまだ明らかにされてはいない。ロボティクスの発展にとっても，脳科学の研究発展は期待するところ大なるものがある。

7.3　高知能化をめざしたロボティクス研究の行き先

ロボット技術は，産業用ロボット，原子力施設保守用ロボット，宇宙開発用ロボットなど特殊な環境と整備された物理条件下で培われてきた。しかし，著者が本書を執筆する時点（2005～2006年）になると，医療福祉用ロボット，ビル清掃や警備用ロボット，案内ロボットなど，より身近な応用分野へとロボッ

ト技術を拡大・拡張する気運が高まっている。一般には、もっと期待が先走って、工場にあっては熟練労働者に代わるか、あるいは手助けする**ヘルパーロボット**、家庭や福祉施設にあっては、音声に基づいて人とのコミュニケーションを図り、健康管理や家庭内の電子機器を安全管理し、防犯チェックをする**コミュニケーションロボットやホームネットワークロボット**が議論されている（図 **7.6**、図 **7.7**）。特に、後者の生活支援を目的とするロボットが、それぞれの要請を満たすべく真に機能するならば、少しは高価になっても商品価値が生じ、一般家庭に普及すると思われているが、現在のロボット技術はそれぞれの技術要素において不十分極まりない。例えば、ロボットの目に相当する視覚認識では、背景や照明等の画像処理の環境が一定ではない一般的な生活環境下において、人間の動作全体の把握やそれぞれの物体を認識する力は不十分そのものである。人間との対話を図るための音声認識にも問題がある。従来の音声認識技術は、一定の距離を置いてマイクロフォンに真っすぐに向かって話した音声信号に対する認識技術が培われたが、生活環境下ではさまざまな方角から来る雑音（テレビ音声や、電子機器類の発生する雑音）や、複数の人がさまざまな方向と距離で話す音声が想定される。音声認識はそのような悪環境下に耐えて、特定の話

図 **7.6** 生活環境下におけるロボットの利用シーン（(株)東芝における開発目標）

7.3 高知能化をめざしたロボティクス研究の行き先

■ 今後，ネットワークとの連携機能を強化
■ 情報インフラばかりでなく環境のデザインも考えて普及促進

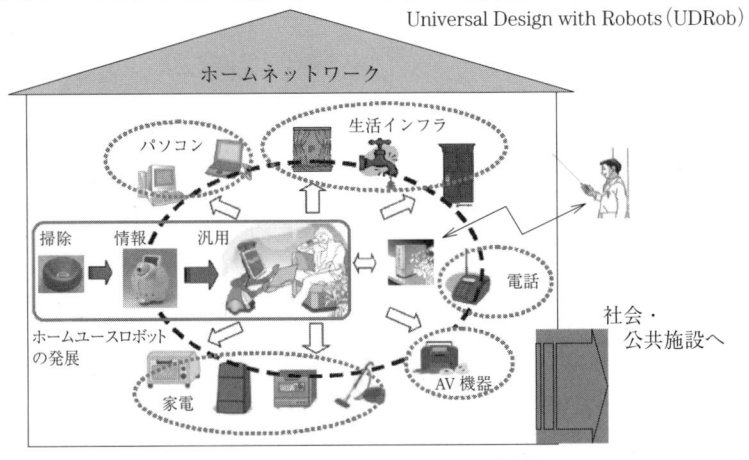

Universal Design with Robots (UDRob)

ネットワークの要としてロボットが生活を支援する。

図 7.7 ネットワークの要としてロボットが生活を支援

者から発生された音声を聞き分けなければならない．現時点では，**パーソナルロボットやエンターテインメントロボット**の開発と関連づけて，人の発生した方向にロボットの顔を向けるための音源方位の特定をめざす技術改良が進められている段階である（**図 7.8**，**図 7.9**）．人間の耳は，音源の方向や距離を測るセンサとしてだけ働くのではなく，もっとさまざまな機能を有している．よく知られたカクテルパーティー効果もその一つであり，パーティー会場の中にてさまざまな雑音が聞こえているにもかかわらず，少し遠くから話し掛けている特定の声だけを意識的に選択して取り出し，聞き取ることができる．そこには，単に音を聞くという物理的に単純な事柄のほかに，脳の中でどのような情報処理がなされているかの解明が進まなければならないことも示唆される．そこには，特定の発話者の音声信号にチューニングされ，学習効果が蓄積されたなにかが働いているはずである．すでに，一定数の単語を聞き分け，認識できる音声認識ボードが商品化されているが，それらは標準化された話者の音声信号に対しては効果的であっても，特定の話者に対して認識率を高められるようには工夫していない．そこには，学習する，あるいはチューニングする機能を

7. 脳科学から見たロボティクス

■ 話し掛けた方向がわかる
・六つのマイクを搭載し，全周囲からの音声に対応
・到達音の波形の微少な違いを分析（位相差解析）し，音源方向を特定
・音源方向に応じ，最も集音しやすいマイクペアを選択

■ 話し掛けた内容がわかる
・音源から抽出した音声に独自の音声信号処理を施し，内容を分析
・複数発話者の内容を理解

■ 新開発の小型音声信号処理ボード
・上記の音声信号処理を行うハードウェアをロボットに内蔵できる小型の基板（ボード）を新開発
⇒ 外部PC等と連携が不要

従来困難であった全方位からの聞き分けを
音声認識・マイクアレイ技術をベースに専用ハードと
音源推定アルゴリズムで小型ロボットに搭載実現

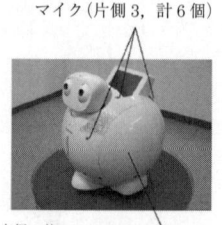

マイク（片側3，計6個）

直径：約380 mm
高さ：約430 mm
質量：約10 kg　音声信号処理ボード

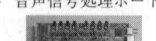

図 7.8 （株）東芝で開発されている「聞き分けロボット」（AprilAlpha^{TM}V3）の特長

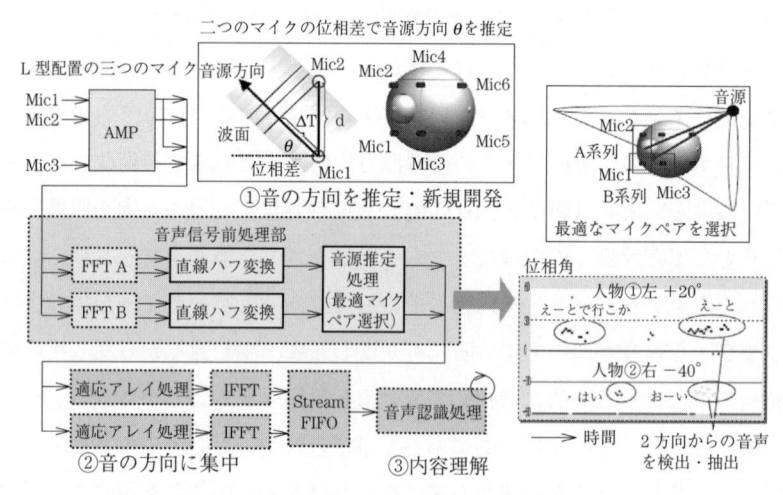

図 7.9 「聞き分けロボット」の音声信号処理

もたせなければならないはずである。

　ロボットが使用者の発話を聞き分け，単語認識できたとき，たがいの話す言葉のキャッチボールをスムースに進めていく研究も始まっている。その目標は，人工知能の世界では，チューリングテストとして掲げられていることはすでに

7.3 高知能化をめざしたロボティクス研究の行き先

1章で述べた.この分野の研究は人工知能の世界で進められているので,本書ではこのテーマはこれ以上は言及しないが,ロボットと人間とのコミュニケーションには,将来,この対話能力が鍵となることだけは指摘しておこう.高価なエンターテインメントロボットを購入しても,単純な単語のやり取りだけで終始するなら,すぐに飽きがくるであろう.

家庭内で手足を動かして作業する人々に代わって,実際に手助けしてくれるロボットでは,すでに掃除ロボットが売り出されている.現時点で関心があるのは,食事介護ができるロボットやテーブル上に散乱したもろもろの物体(例えば食事の後のナイフやフォーク,箸,皿やコップ類等)を両手で取り,皿洗い機に片付けるロボットであるが,それらの研究開発は産業界で試みられている.そこには,しかし,手の巧みさがどのように発揮されるべきか,検討されてはいない.いい換えると,ハードウェアばかりが先行して,ソフトウェアがついていっていないのが現状である.ソフトウェアの根幹となるべき人間の四肢の巧みな運動がどのように行われるか,6.1節や6.2節で指摘したように,いまやっと少しずつわかり始めたばかりであり,広く応用できるところまで進歩していないのである.よく知られているようにロボットを制御するコンピュータや情報の記憶をつかさどるメモリの発達は素晴らしい.1959年にICが発明されて間もなく,ICメモリを実装するシリコンウェーハ上のトランジスタの数は,18か月で倍増(3年で4倍増)するという経験則を発表したG. Mooreは,この法則(これをMoore's law,ムーアの法則という[7-15])が1970年に初めて造られたマイクロコンピュータ(Intel 404)のトランジスタ実装密度の増大法則としても適用できるとした.この法則は,何度も,もうすぐ限界が来ると予測されながら現在のインテル社のMPU,Pentium 4にまで,ほぼ適用できた(文献7-15)参照).じつは,ムーアの法則と並んで,N. Wirthの法則(Wirth's law)もよく知られている.これは,"Software is slowing faster than hardware is accelerating"と述べられている.本来の意味は,ハードウェアが加速すれば,より速いペースでソフトウェアの実行が減速してしまうことであった.それは,コンピュータの計算速度が速くなると,作業の要求仕様(欲求)が

もっと高まって，これがかえって作業実施を遅くさせることをいった．じつは，ロボット研究についても1980年代がそのような時代であった．コンピュータが速くなれば，なんでも計算でき，計算ずくでロボットは高知能化できると考えたのである．21世紀に入ってやっと，ロボットに知的作業をさせるときでも，コンピュータに負荷をかけない，賢明な方法があり得ることが脳科学から示唆されるはずではないか，と気づき始めたのである．ロボット研究者は，計算負荷を高めることなく，ロボットが人間のように巧みに作業してくれる術こそを発明，発見する必要があるのである．いまでは，Wirthの法則は，"ハードウェアが加速しても，ソフトウェアは遅々として進まない"，と読み取れる．ロボットを高知能化し，手に巧みさを与えるには，たくさんのブレークスルーが必要不可欠なのである．

引用・参考文献

1章

1-1) 内村直之:われら以外の人類史, 朝日新聞社 (2005)
1-2) J. Napier: Hands, (Revised by R.H. Tuttle), Princeton Univ. Press, Princeton, New Jersey (1993)
1-3) J. Fagard: Manual strategies and interlimb coordination during reaching, grasping, and manipulating throughout the first year of life, in S.P. Svinnen, J. Massion, H. Heuer, and P. Casaer (eds.), Interlimb Coordination: Neural, Dynamical, and Cognitive Constraints, Chapter 21, pp. 439~460, Academic Press, San Diego and New York (1994)
1-4) E. Thelen, D. Corbetta, K. Kamm, J.P. Spencer, K. Schneider, and P.F. Zernicke: The transition to reaching: mapping intention and intrinsic dynamics, Child Development, **64**, pp. 1058~1098 (1993)
1-5) E. Thelen and L.B. Smith: A Dynamic Systems Approach to the Development of Cognition and Action, MIT Press, Cambridge, Massachusetts (1995)
1-6) 久保田 競:手と脳, 紀伊國屋書店 (1982)
1-7) R. Descartes: Discours de la Méthode, 1637. 引用は落合 (訳):方法叙説, pp. 102~105, 創元社 (1939) によった。なお, 小場瀬 (訳):方法序説, 角川書店 (1951) もある。
1-8) H.S. テラス (中野尚彦訳):ニム — 手話で語るチンパンジー —, 思索社 (1986)
1-9) 酒井邦嘉:言語の脳科学, 中央公論新社 (2002)
1-10) 郡司隆男:自然言語, 日本評論社 (1994)
1-11) 井上和子, 原田かづ子, 安部泰明:生成言語入門, 大修館書店 (1999)
1-12) 松矢篤三:「ことば」臓器の誕生, 第 25 回大阪大学開放講座「生きる — 物から心まで —」, 大阪大学 (1993)
1-13) R.F. Kay, M. Cartmill, and M. Balow: The hypoglossal canal and the origin of human vocal behavior, Proc. of the National Academy of Science, **95**, pp. 5417~5419 (1998)

1-14) コンピュータ将棋の昨日・今日・明日, 週刊将棋 2005 年 6 月 22 日号, 日本将棋連盟 (2005)

1-15) N.A. ベルンシュタイン (工藤和俊訳, 佐々木正人監訳):デクステリティ:巧みさとその発達, 金子書房 (2003)

1-16) R.M. Murray, Z. Li, and S.S. Sastry: A Mathematical Introduction to Robotic Manipulation, CRC Press, Boch Raton and Tokyo, USA and Japan (1994)

1-17) N. Bernstein: Coordination and Regulation of Movements, Pergamon, New York (1967)

1-18) G. Hinton: Some computational sulutions to Bernstein's problems, in H.T.A. Whiting (ed.): Human Motor Actions – Bernstein Reassesed, pp. 413〜438, North-Holland, Amsterdam, The Netherlands (1984)

1-19) M.L. Latash and M.T. Turvey (eds.): Dexterity and Its Development, Lawrence Erlbaum Associates, Inc., Mahmash, New Jersey, USA (1996)

1-20) R.A. Brooks: A robust layered control system for a mobile robot, IEEE J. Robotics and Automation, **2**, pp. 14〜23 (1986)

1-21) 学生フォーラム「マーヴィン・ミンスキー氏」, 人工知能学会誌, **19**, 1, pp. 123〜125 (2004)

1-22) R.A. Brooks: Intelligence without representation, Artificial Intelligence, **47**, pp. 139〜159 (1991)

2 章

2-1) N. Wiener: I am a Mathematian, Boubleday & Company, Inc. (1956)
鎮目恭夫 (訳):サイバネティックスはいかにして生まれたか, みすず書房 (1956)

2-2) N. Wiener: Extrapolation, Interpolation and Smoothing of Stationary Time Series, with Engineering Applications, John Wiley & Sons (1949)

2-3) R.E. Kalman: A new approach to linear filtering and prediction problems, Trans. ASME, J. Basic Eng., **82**, pp. 35〜45 (1960)

2-4) R.E. Kalman and R.S Bucy: New results in linear filtering and prediction theory, Trans. ASME, J. Basic Eng., **83**, pp. 95〜107 (1961)

2-5) 有本 卓:カルマン・フィルター, 産業図書 (2005)

2-6) 片山 徹:応用カルマンフィルタ, 朝倉書店 (1983)

2-7) C.E. Shannon: A mathematical theory of communications, Bell Syst. Tech. J., **27**, pp. 379〜423 (Part I) & pp. 623〜656 (Part II) (1948)

2- 8) 有本　卓：現代情報理論，電子情報通信学会 (1978)
2- 9) R.E. Blahut: Digital Transmission of Information, Addison-Wesley Pub. Comp. (1990)
　　　有本　卓，伊藤秀一，古賀弘樹，小林欣吾，森田啓義（訳）：情報のディジタル伝送，森北出版 (1997)
2-10) A. Turing: Computing machinery and intelligence, Mind, **LIX**, 236, pp. 434～460 (1950)
2-11) 辻野嘉宏：IT の基礎知識，昭晃堂 (2000)
2-12) 長尾　真，淵　一博：論理と意味，（岩波講座　情報科学—7），岩波書店 (1983)
2-13) 大須賀節雄（編著）：知識ベース入門，オーム社 (1986)
2-14) B.A. トラチェンブロット著（西田俊夫，井関清志訳）：自動計算機の話，日本規格協会 (1959)
2-15) D.R. Hofstadter: Gödel, Esher, Bach, Basic Books, Inc. (1979)
　　　野崎昭弘，はやし・はじめ，柳瀬尚紀（訳）：ゲーデル，エッシャー，バッハ，白揚社 (1985)
2-16) J. Leiber: An Invitation to Cognitive Science, Basil Blackwell, Inc. (1991)
　　　今井邦彦訳：認知科学への招待，新曜社 (1994)
2-17) 守屋悦朗：チューリングマシーンと計算量の理論，培風館 (1997)

3 章

3- 1) T. Lozano-Perez: Robot programming, Proc. of the IEEE, **71**, 7, pp. 821～841 (1983)
3- 2) 白井良明，辻井潤一：人工知能，岩波講座情報科学 22，岩波書店 (1982)
3- 3) Y.H. Liu and S. Arimoto: Path planning using a tangent graph for mobile robots among polygonal and curved objects, Int. J. of Robotics Research, **11**, 4, pp. 376～382 (1992)
3- 4) E.W. Dijkstra: A note on two problems in connection with graphs, Numerische Mathematik, **1**, pp. 269～271 (1959)
3- 5) R. Bellman: Dynamic Programming, Princeton Univ. Press (1957)
3- 6) V.J. Lumelsky and A.A. Stepanov: Dynamic path planning for a mobile automation with limited information on the environment, IEEE Trans. on Autom. Control, **AC-31**, Nov. (1986)
3- 7) C.E. Shannon: Programming a computer for playing chess, first presented at the National IRE Convention, March 9 (1949) (and reproduced in

N.J.A. Sloane and A.D. Wyner (eds.): Calude Elwood Shannon Collected Papers, IEEE Press (1993))

3-8) 鶴岡慶雅：将棋プログラムの現状と未来，情報処理, **46**, 7, pp. 817〜822 (2005)

4章

4-1) C.C. Clawson: Mathematical Mysteries – The Beauty and Magic of Numbers, Plenum Publishing Corp. (1996)
好田順治（訳）：数学の不思議，青土社 (1998)

4-2) P.V.C. Hough: Method and means for recognizing complex patterns, U.S. Patent 3069654 (1962)

4-3) R.O. Duda and P.E. Hart: Use of the Hough transformation to detect lines and curves in pictures, Communications of the ACM, **15**, 1, pp. 11〜15 (1972)

4-4) Q. Chen, M. Defrise, and F. Deconinck: Symmetric phase-only matched filtering of Fourier-Mellin transforms for image registration and recognition, IEEE Trans. on Pattern Analysis and Machine Intelligence, **16**, 12, pp. 1156〜1168 (1994)

4-5) 大西弘之，鈴木　寿，有本　卓：ハフおよびフーリエ変換を用いた回転と平行移動の検出，信学論，**J80-D-II**, 7, pp. 1668〜1675 (1997)

4-6) 大西弘之，鈴木　寿，有本　卓：ハフおよびフーリエ変換を用いた拡大・回転・平行移動検出法の部品位置決めへの応用，日本ロボット学会誌，**16**, 2, pp. 232〜240 (1998)

5章

5-1) 有本　卓：新版ロボットの力学と制御，朝倉書店 (2002)

5-2) 有本　卓：システムと制御の数理，岩波講座　応用数学 21，岩波書店 (1993)

6章

6-1) M. Minsky: Computation: Fimite and Infimite Machines, Prentice-Hall, New York (1977)

6-2) S.R. Graubard (ed.): The Artificial Intelligence Debate, The MIT Press, Boston (1989)（有本　卓，辰己仁史，塚本康夫，生田幸士，鈴木　寿（訳）：知能はコンピュータで実現できるか？，森北出版 (1992)）

6-3) 田中　繁，高橋　明（監訳）：モーターコントロール，医歯薬出版 (1999) (A.

Shumway-Cook and M.J. Woollacott: Motor Control, Lippincott Williams & Wilkins, Baltimore, Maryland (1995))

6- 4) M.L. Latash: Neurophysiological Basis of Movements, Human Kinetics, Champaign, IL. (1998)（笠井達哉，道免和久監訳：運動神経生理学講義，大修館書店 (2002)）

6- 5) P. Morasso: Spatial control of arm movements, Exp. Brain Res., **42**, pp. 223〜227 (1981)

6- 6) T. Flash and N. Hogan: The coordination of arm movements: an experimentally confirmed mathematical model, J. Neurosci., **7**, pp. 1688〜1703 (1985)

6- 7) Y. Uno, M. Kawato, and R. Suzuki: Formation and control of optimal trajectory in human multi-joint arm movement, Biol. Cybern., **61**, pp. 89〜101 (1989)

6- 8) M. Kawato, Y. Maeda, Y. Uno, and R. Suzuki: Trajectory formation of arm movement by cascade neural network model based on minimum torque-change critesion, Biol. Cybern., **62**, pp. 275〜288 (1990)

6- 9) 川人光男：脳の計算理論，産業図書 (1996)

6-10) S. Arimoto, H. Hashiguchi, M. Sekimoto, and R. Ozawa: Generation of netural motions for redundant multi-joint systems: A differential-geometric approach based upon the principle of least actions, Journal of Robotic Systems, **22**, 11, pp. 583〜605 (2005)

6-11) S. Arimoto and M. Sekimoto: Human-like movements of robotic arms with redundant DOFs: Virtual spring-damper hypothesis to tackle the Bernstein problem, Proc. of the 2006 IEEE Int. Conf. on Robotics and Automation, Orlando, Florida, May 15–19 (2006)

6-12) L.D. Landau and E.M. Lifshitz（広重　徹，水戸　巌訳）：力学（増訂第3版），東京図書 (1974)

6-13) 深谷賢治：解析力学と微分形式，岩波書店 (2004)

6-14) S. Arimoto, M. Yoshida, and J.-H. Bae: Stability of 3-D object grasping under the gravity and nonholonomic constraints, Proc. of the 17th Int. Symp. on Math. Th. of Networks and Systems, Kyoto, pp.335〜342, July 24–28 (2006)

6-15) 吉田守夫，有本　卓，Ji-Hun Bae：非ホロノミック拘束下における3次元物体把持のシミュレータ構築，日本ロボット学会誌（25-2 に掲載予定）(2007)

7章

7-1) 杉　晴夫：筋肉はふしぎ，講談社ブルーバックス B-1427，講談社 (2003)

7-2) 丸山工作：筋肉はなぜ動く，岩波ジュニア新書 383，岩波書店 (2001)

7-3) 杉　晴夫：生体はどのように情報を処理しているか ── 生体電気信号系入門，理工学社 (2000)

7-4) K. Kitamura, M. Tokunaga, A.H. Iwane, and T. Yanagida: A single myosin head moves along an actin filament with regular steps of 5.3 nanometers, Nature, **397**, pp. 129〜134, 14 January (1999)

7-5) 柳田敏雄：生物分子モーター，岩波講座 7 物理と情報，岩波書店 (2002)

7-6) A.F. Huxley: Muscle structure and theories of contraction, Prog. Biophys. Biophys. Chem., **7**, pp. 255〜318 (1957)

7-7) 新井康允：脳とニューロンの科学，裳華房 (2000)

7-8) 松波謙一，内藤栄一：運動と脳，サイエンス社 (2000)

7-9) 丹治　順：脳と運動 ── アクションを実行させる脳，共立出版 (1999)

7-10) 伊藤正男：脳の不思議，岩波科学ライブラリー 58，岩波書店 (1998)

7-11) 久保田　競（編），松波謙一，船橋新太郎，桜井芳雄（共著）：記憶と脳，サイエンス社 (2002)

7-12) 川人光男：脳の計算理論，産業図書 (1996)

7-13) E. Thelen and L.S. Smith: A Dynamic Systems Approach to the Development of Cognition and Action, MIT Press (1994)

7-14) 櫻井芳雄：ニューロンから心をさぐる，岩波科学ライブラリー 64，岩波書店 (1988)

7-15) P.H. Ross: 5 Commandments, IEEE Spectrum, **40**, 12, pp. 30〜35 (2003)

章末問題解答

1章

【1】 制御工学やプロセス制御では，偏差信号の物理単位を限定することなく，偏差とその積分，微分を適当にゲイン調節して合算した信号を制御入力として制御対象に加えることをPID制御（P: Proportional, I: Integral, D: Differential）という。ロボティクスの場合，Pは位置（Position），Dは速度（位置のDerivative）を表し，位置と速度のフィードバック制御のことをPD制御といい，これに位置の積分項が加わったときPID制御という。

【2】 狩猟のための道具造りから，道具の使い方や，使うときの効果を想像するようになったのがきっかけとなった。

【3】 ともに1983年に設立された。

【4】 シャノンの発表した論文はほとんどすべて以下に示す出版物に収録されている。その中を調べてみよ。

N.J.A. Sloane and A.D. Wyner (eds.): Claude Elwood Shannon Collected Papers, IEEE Press (1993)

【5】 ドイツの潜水艦として名高いUボートの交信に使われた暗号を，エニグマ機械（暗号解読機）にリレー回路を増強することで高速処理させて解読の成功に貢献したといわれる。

【6】 ICやVLSIの一個のシリコンウェーハ上に搭載できるトランジスタの個数が18か月で倍増（3年で4倍増）するというIC技術の発展に関する経験法則のことをいう。インテル社のG.ムーアが，わずか数年の経験と技術予測をもとに，1960年代の後半に提唱した。

【7】 ノーベル物理学賞を受賞したJ.キルビ（Kilby）が1959年に発明し特許を取得したが，実際に初めて作られたのは1962年，R.ノイス（Noice）による。それは8ビットのICメモリであった。

2章

【1】 1ビットの誤りを検出し，訂正できる誤り訂正符号。符号語は$2^n - 1$ビットの0, 1の系列であるが，そのうちのnビットが誤り訂正のために付加される

ビット数で，残りの $2^n - n - 1$ が情報用に使われる。

【2】 長さが 4 ビットの 0, 1 のベクトル（横ベクトル）を情報系列とするとき，その 7 ビットの符号語 c は，生成行列

$$G = \begin{pmatrix} 0 & 1 & 1 & 1 & 0 & 0 & 0 \\ 1 & 0 & 1 & 0 & 1 & 0 & 0 \\ 1 & 1 & 0 & 0 & 0 & 1 & 0 \\ 1 & 1 & 1 & 0 & 0 & 0 & 1 \end{pmatrix}$$

を用いて，$c = aG$ とつくられる。

【3】 $\overline{(x \wedge \bar{y}) \vee (\bar{x} \wedge y)} = \overline{(x \wedge \bar{y})} \wedge \overline{(\bar{x} \wedge y)}$
$= (\bar{x} \vee y) \wedge (x \vee \bar{y}) = ((\bar{x} \vee y) \wedge x) \vee ((\bar{x} \vee y) \wedge \bar{y})$
$= (x \wedge y) \vee (\bar{x} \wedge \bar{y})$

【4】 子供のころ，理科と算数の両方とも得意でなかった人はだれもノーベル物理学賞をとっていない。

【5】 していい行為ならば，それは他人に迷惑をかける行為ではない。

【6】 (x, y) の異なる組合せは 4 通りあり，それに応じて決まる $f(x, y)$ の異なる決め方は 2^4 通りになるので，16 種類しかあり得ない。

【7】 省略する（とにかく，機能表を参照しつつ実行してみよ。こうして実行できれば，われわれも万能チューリング機械になり得ることが理解できよう）。

【8】 i) $\forall p\{Q(p) \to R(p)\}$ の対偶である $\forall p\{\overline{R(p)} \to \overline{Q(p)}\}$ が真であることを示すとよい。すなわち，$\overline{R(p)}$ は p が奇数であることを表すので，$p = 2n+1$ と表されるはずである。ここに n は自然数であるが，このとき $p^2 = 4n^2 + 4n + 1$ となり，p^2 は奇数とならねばならない。これは $n = 0$ とすべての自然数に対して成立するので，すなわち，すべての奇数 p に対して成立するので，$\forall p\{\overline{R(p)} \to \overline{Q(p)}\}$ が真であることが示された。

ii) $\exists (p, q)\{P(p, q)\}$ は $\sqrt{2} = p/q$ と表されるような自然数の組 (p, q) が存在することを表すが，このとき $p^2 = 2q^2$ となり，p^2 は偶数となり，i) で示したことから，p は偶数であること，すなわち $R(p)$ が成立することが示された。

iii) $\sqrt{2}$ は"共通因数を持たないどんな自然数の組 (p, q) に対してもそれらの比 (p/q) で表されることはない"。

iv) iii) の文章の" "を満たす数を無理数と定義している。つまり，上のことは命題 S を表している。

【9】 S の否定 $\bar{S}$ が成立すれば，すなわち $\exists (p, q)\{P(p, q)\}$ が成立すれば，p も q も偶数となって矛盾が生じることを示せばよい。【8】の ii) から p は偶数となるので $p = 2n$ と表されるはずであるが，$\sqrt{2} = p/q = 2n/q$ であるので，こ

の式の 2 乗をとると $q^2 = 2n^2$ となり，q^2 は偶数となり，q も偶数となる．すなわち，p も q も偶数となり (p,q) は共通因数をもつことが示せて，矛盾が生じた．

3 章

【1】 V_3 は a_{34} に含まれる．V_5 は a_{33} に含まれる．

【2】 それぞれの最小凸多角形が共通部分をもたず，たがいに分離されていること．

【3】 伊丹空港から蛍池へ，蛍池から十三へ，十三から四条烏丸へとポインタをたどることができる．

【4】 F の中のノードの個数を N 個とすると，コストの比較を $\log_2 N$ 回ですますことができる方法があり得る．長さ N のリストを二つに分け，分割した後の方の先頭にあるノードとコストを比較し，それよりコストが大きいと，この後の列を二つに分割し，同じことを繰り返す．先頭ノードとコストを比較し，より小さければ前の列を半分にする．このような操作を繰り返せばよい．

【5】 一般のグラフではループがあり得るので，途中のあるノードに至るにも複数のルートが存在し得る．そのため，チェック済みにもかかわらず，子ノードの展開で再びノードとして出てきたとき，それをフロントリストに入れないようにするため，チェック済みのリストに入れ，明白にチェック済みであるとわかるようにしておく．

4 章

【1】 もし $p/q = \sqrt{2}$ であれば，両辺を 2 乗し，q^2 をその両辺に掛けて，$p^2 = 2q^2$ とする．したがって，p^2 は偶数となるが，奇数の 2 乗は奇数なので，p^2 が偶数ならば p も偶数とならねばならない．

【2】 p が偶数なので，2 で割った数を r とすれば，$p = 2r$ であり，これを $p/q = \sqrt{2}$ に代入し，2 乗すれば $4r^2/q^2 = 2$ となる．すなわち，$q^2 = 2r^2$ となり，q^2 も，q も偶数となる．こうして p と q は共通因数として 2 をもち，矛盾が導かれた．

【3】 ヒントで述べてある円は中心の座標が $(x_P/2, y_P/2)$ で与えられ，半径 r が $r^2 = (x_P/2)^2 + (y_P/2)^2$ である．この円は

$$\left(\xi - \frac{x_P}{2}\right)^2 + \left(\eta - \frac{y_P}{2}\right)^2 = \left(\frac{x_P}{2}\right)^2 + \left(\frac{y_P}{2}\right)^2$$

と表されるが，これは式 (4.38) に帰着する．

【4】 $\xi = \rho\cos\theta$，$\eta = \rho\sin\theta$ を式 (4.38) に代入すると

$$\rho^2 = \rho(x_P\cos\theta + y_P\sin\theta)$$

となり、両辺を ρ で割れば式 (4.3) になる。

【5】 三つの図形 A, B, C について、二つの不等式

$$h(A,C) \leq h(A,B) + h(B,C) \tag{A4.1}$$

$$h(C,A) \leq h(C,B) + h(B,A) \tag{A4.2}$$

が成立することを示せれば

$$\begin{aligned}
H(A,C) &= \max\{h(A,C), h(C,A)\} \\
&\leq \max\{h(A,B) + h(B,C), h(C,B) + h(B,A)\} \\
&\leq \max\{H(A,B) + H(B,C), H(B,C) + H(A,B)\} \\
&\leq H(A,B) + H(B,C)
\end{aligned}$$

となり、三角不等式が証明できる。そこで、式 (A4.1) を示すために、$h(A,C) = \max_{\bm{a} \in A} \min_{\bm{c} \in C} \|\bm{a} - \bm{c}\|$ を実現する $\bm{a} \in A$ を $\bm{a}^*$ とする。すなわち

$$\max_{\bm{a} \in A} \min_{\bm{c} \in C} \|\bm{a} - \bm{c}\| = \min_{\bm{c} \in C} \|\bm{a}^* - \bm{c}\|$$

とする。このとき、$\min_{\bm{b} \in B} \|\bm{a}^* - \bm{b}\|$ を実現する特定の $\bm{b} \in B$ を $\bm{b}_m$ とする。すなわち

$$\min_{\bm{b} \in B} \|\bm{a}^* - \bm{b}\| = \|\bm{a}^* - \bm{b}_m\|$$

とする。このとき

$$\begin{aligned}
h(A,C) &= \min_{\bm{c} \in C} \|\bm{a}^* - \bm{c}\| \leq \min_{\bm{c} \in C} \{\min_{\bm{b} \in B}(\|\bm{a}^* - \bm{b}\| + \|\bm{b} - \bm{c}\|)\} \\
&\leq \min_{\bm{c} \in C} \{\|\bm{a}^* - \bm{b}_m\| + \|\bm{b}_m - \bm{c}\|\} \\
&= \|\bm{a}^* - \bm{b}_m\| + \min_{\bm{c} \in C} \|\bm{b}_m - \bm{c}\| \\
&\leq \max_{\bm{a} \in A} \min_{\bm{b} \in B} \|\bm{a} - \bm{b}\| + \max_{\bm{b} \in B} \min_{\bm{c} \in C} \|\bm{b} - \bm{c}\| \\
&\leq h(A,B) + h(B,C)
\end{aligned}$$

となることがわかり、式 (A4.1) が成立することが示せた。式 (A4.2) についても、A と C を入れ換えて、同様に示せるので省略する。

【6】

$$\begin{pmatrix} x \\ y \end{pmatrix} = \frac{1}{s} \begin{pmatrix} \cos\varphi & \sin\varphi \\ -\sin\varphi & \cos\varphi \end{pmatrix} \begin{pmatrix} \tilde{x} - x_\Delta \\ \tilde{y} - y_\Delta \end{pmatrix}$$

【7】 題意どおりに書き換えると，式 (4.19) は

$$\begin{pmatrix} u \\ v \end{pmatrix} = s \begin{pmatrix} \cos\theta & -\sin\theta \\ \sin\theta & \cos\theta \end{pmatrix} \begin{pmatrix} r_{ij}\cos\alpha_{ij} \\ r_{ij}\sin\alpha_{ij} \end{pmatrix} + \begin{pmatrix} X \\ Y \end{pmatrix}$$

$$= \begin{pmatrix} X \\ Y \end{pmatrix} + s \cdot r_{ij} \begin{pmatrix} \cos\alpha_{ij}\cos\theta - \sin\alpha_{ij}\sin\theta \\ \cos\alpha_{ij}\sin\theta + \sin\alpha_{ij}\cos\theta \end{pmatrix}$$

$$= \begin{pmatrix} X \\ Y \end{pmatrix} + s \cdot r_{ij} \begin{pmatrix} \cos(\alpha_{ij}+\theta) \\ \sin(\alpha_{ij}+\theta) \end{pmatrix}$$

となる。

5章

【1】 $\theta(t) = a\cos(\omega t) + \left(\dfrac{b}{\omega}\right)\sin(\omega t)$

【2】 $K+U$ を t で微分すると

$$\frac{\mathrm{d}}{\mathrm{d}t}(K+U) = ml^2\dot{\theta}(\ddot{\theta} + mgl\sin\theta)$$

となり，右辺の括弧（　）の中味は式 (5.33) から 0 になるので，所与の結果を得る。

【3】 $\boldsymbol{x} = (x_1, x_2)^{\mathrm{T}}$ を 2 次元実ベクトルとすれば，$H(\boldsymbol{q})$ の 2 次形式は

$$\boldsymbol{x}^{\mathrm{T}}H(\boldsymbol{q})\boldsymbol{x} = (I+ml^2)x_1^2 + (m+M)x_2^2 + 2(ml\cos\varphi)x_1 x_2$$

となる。右辺はさらにつぎのように書き直しできる。

$$\boldsymbol{x}^{\mathrm{T}}H(\boldsymbol{q})\boldsymbol{x} = (I+ml^2)\left\{x_1 - \frac{ml\cos\varphi}{I+ml^2}x_2\right\}^2$$
$$+ \frac{(m+M)(I+ml^2) - m^2l^2\cos^2\varphi}{I+ml^2}$$
$$= (I+ml^2)\left\{x_1 - \frac{ml\cos\varphi}{I+ml^2}x_2\right\}^2$$
$$+ \frac{M(I+ml^2) + m^2l^2\sin^2\varphi}{I+ml^2}x_2^2$$

右辺は $x_1=0,\ x_2=0$ のときを除けば正となるので，この 2 次形式は正定である。すなわち，$H(\boldsymbol{q})$ はどんな $\boldsymbol{q}$ に対しても正定である。

【4】 前問の解答と同様に，2 次形式が正定になることを検証すればよい。

【5】 図 5.7 の第二リンク L_2 の質点要素 $\mathrm{d}m_P$ を端点とし，J_2 を起点とする位置ベクトルを $\boldsymbol{r}_{P2}$ で表すと

である. そこで, 三角不等式 $\|\boldsymbol{r}_{c2}\| \leq \|\boldsymbol{r}_{c2} - \boldsymbol{r}_P\| + \|\boldsymbol{r}_P\|$ を用いると

$$ms_2^2 = \int_{L_2} \|\boldsymbol{r}_P\|^2 \mathrm{d}m_P, \qquad ms_2^2 = \int_{L_2} \|\boldsymbol{r}_{c2}\|^2 \mathrm{d}m_P$$

$$ms_2^2 = \int_{L_2} \|\boldsymbol{r}_{c2}\|^2 \mathrm{d}m_P \leq \int_{L_2} (\|\boldsymbol{r}_{c2} - \boldsymbol{r}_P\| + \|\boldsymbol{r}_P\|)^2 \mathrm{d}m_P$$

$$= \int_{L_2} \left\{ \|\boldsymbol{r}_{c2}\|^2 - 2\boldsymbol{r}_{c2}^\mathrm{T}\boldsymbol{r}_P + \|\boldsymbol{r}_P\|^2 + \|\boldsymbol{r}_P\|^2 \right\} \mathrm{d}m_P$$

$$= ms_2^2 - 2\|\boldsymbol{r}_{c2}\|^2 m + 2I_2 = -ms_2^2 + 2I_2$$

となり, これより $ms_2^2 \leq I_2$ となることが示せた.

【6】 式 (5.97) の E の時間 t による微分に $\dot{\boldsymbol{q}}^\mathrm{T} B \dot{\boldsymbol{q}}$ を加えたものが, $\dot{\boldsymbol{q}}$ と式 (5.95) の左辺との内積に等しいことを確かめよ.

【7】【6】の解答と同様に, 式 (5.103) の E_0 を t で微分してみよ.

6章

【1】 $x(t)$ と $y(t)$ がそれぞれ独立に

$$\min \int_0^{t_1} \left(\frac{\mathrm{d}^3}{\mathrm{d}t^3} x\right)^2 \mathrm{d}t, \quad \min \int_0^{t_1} \left(\frac{\mathrm{d}^3}{\mathrm{d}t^3} y\right)^2 \mathrm{d}t$$

とする曲線 $x(t)$, $y(t)$ を求めてみる. ここに, $t=0$ のとき, $x(t)$ は $x(0)$, $y(t)$ は $y(0)$ の値をとり, $t=t_1$ のとき, $x(t_1) = x_d$, $y(t_1) = y_d$ とならねばならない. そこで, 簡単のため $a(t) = \mathrm{d}^3 x(t)/\mathrm{d}t^3$ と記そう. そして

$$\min_{a(t)} \int_0^{t_1} \{a(t)\}^2 \mathrm{d}t = \min \int_0^{t} \left\{\frac{\mathrm{d}^3}{\mathrm{d}t^3} x(t)\right\}^2 \mathrm{d}t$$

を考える. そこで, $h(0) = h(t_1) = 0$, $\dot{h}(0) = \dot{h}(t_1) = 0$ を満たす連続微分可能な増分関数 $h(t)$ を導入すると, 上式の最小値を与える $a(t)$ に対しては

$$\int_0^{t_1} \left[\{a(t) + \epsilon \dot{h}(t)\}^2 - a^2(t) \right] \mathrm{d}t \geq 0$$

でなければならない. 左辺を計算すると

$$2\epsilon \int_0^{t_1} \dot{h}(t) a(t) \mathrm{d}t + \epsilon^2 \int_0^{t_1} \dot{h}^2(t) \mathrm{d}t \geq 0 \qquad (\mathrm{A}6.1)$$

となる. 第1項はさらに

$$2\epsilon \int_0^{t_1} \dot{h}(t) a(t) \mathrm{d}t = 2\epsilon h(t) a(t) \Big|_0^{t_1} - 2\epsilon \int_0^{t_1} h(t) \dot{a}(t) \mathrm{d}t$$

$$= -2\epsilon \int_0^{t_1} h(t) \dot{a}(t) \mathrm{d}t$$

となる。不等式 (A6.1) が任意に小さい $\epsilon > 0$ と境界条件を満たす任意の $h(t)$ に対して成立するためには，$\dot{a}(t) = 0$ とならねばならないことは容易にわかる。すなわち，$a(t)$ はコンスタントでなければならない。いい換えれば，$x(t)$ は t の 3 次多項式であり

$$x(t) = -\frac{a}{6}t^3 + \frac{b}{2}t^2 + ct + d$$

の形式で表されるはずである。境界条件から，$d = x(0)$, $c = 0$, $b = (a/2)t_1$, $a = 12(x_d - x(0))/t_1^3$ と求まり，最後に

$$x(t) = (x_d - x(0))\left(\frac{t}{t_1}\right)^2\left\{3 - 2\left(\frac{t}{t_1}\right)\right\} + x(0)$$

と求まる。同様に

$$y(t) = (y_d - y(0))\left(\frac{t}{t_1}\right)^2\left\{3 - 2\left(\frac{t}{t_1}\right)\right\} + y(0)$$

と求まる。こうして，$(x(t), y(t))$ は直線

$$y(t) = \frac{y_d - y(0)}{x_d - x(0)}\{x(t) - x(0)\} + y(0)$$

と表されることがわかる。

【2】加速度 $a(t)$ が

$$a(t) = at(t - t_1)\left(t - \frac{t_1}{2}\right)$$

と表せるものが，$a(0) = 0$, $a(t_1) = 0$ を満たす。これを積分することにより，$v(0) = 0$, $v(t_1) = 0$ となることが示せる。ここに，$v(t) = \mathrm{d}x(t)/\mathrm{d}t$ とした。a は，$v(t)$ を積分して，$x(t_1) = x_d$ となる境界条件より求めることができる。

【3】3 回連続微分可能で $\mathrm{d}^3 h(t)/\mathrm{d}t^3$ が連続であり，$\ddot{h}(0) = \ddot{h}(t_1) = 0$, $\dot{h}(0) = \dot{h}(t_1)$, $h(0) = h(t_1) = 0$ を満たす任意の関数 $h(t)$ を考える。そのとき，題意の最小値を与える関数 $x(t)$ に対して（$\mathrm{d}^3 x(t)/\mathrm{d}t^3 = a(t)$ とおく）

$$\int_0^{t_1}\left[\left\{a(t) + \epsilon\frac{\mathrm{d}^3}{\mathrm{d}t^3}h(t)\right\}^2 - a^2(t)\right]\mathrm{d}t \geq 0$$

でなければならない。これは

$$2\epsilon\int_0^{t_1} a(t)\left\{\frac{\mathrm{d}^3}{\mathrm{d}t^3}h(t)\right\}^2 \mathrm{d}t + \epsilon^2 I(h) \geq 0 \quad\quad (\text{A6.2})$$

と書ける．ここに，$I(h)$ は $\mathrm{d}^3 h(t)/\mathrm{d}t^3$ の 2 乗を区間 $[0, t_1]$ で積分した値を表すとする．式 (A6.2) は部分積分を行うと

$$2\epsilon a(t)\ddot{h}(t)\Big|_0^{t_1} - 2\epsilon \int_0^t \dot{a}(t)\ddot{h}(t)\mathrm{d}t + \epsilon^2 I(h) \geq 0$$

となる．$\ddot{h}(t_1) = \ddot{h}(0) = 0$ であるから，左辺の第 1 項は 0 である．こうして，さらに 2 回連続して部分積分を行えば

$$-2\epsilon \int_0^{t_1} \left\{ \frac{\mathrm{d}^3 a(t)}{\mathrm{d}t^3} \right\} h(t)\mathrm{d}t + \epsilon^2 I(h) \geq 0 \tag{A6.3}$$

となる．これが，以上で述べた条件を満たす任意の $h(t)$ と $\epsilon > 0$ に対して成立しなければならないので，$\mathrm{d}^3 a(t)/\mathrm{d}t^3 = 0$ とならねばならない．すなわち，$\mathrm{d}^6 x(t)/\mathrm{d}t^6 = 0$ となり，$x(t)$ は t の 5 次の多項式で表されねばならないことが示された．

【4】瞬時回転軸はベクトル $\boldsymbol{\omega} = (\omega_X, \omega_Y, \omega_Z)^\mathrm{T}$ で表されるが，これが対向軸に直交する平面にあれば，対向軸まわりの回転がこの瞬間には起こっていないことになる．このことは，$\boldsymbol{\omega}$ と対向軸とが直交することを意味する．対向軸はベクトル $(x_1 - x_2, y_1 - y_2, z_1 - z_2)^\mathrm{T}$ で代表できるので，このベクトルと $\boldsymbol{\omega}$ が直交することは，それらの間の内積が 0 になることを意味する．こうして，非ホロノミック拘束の条件式 (6.23) が生じることがわかる．

【5】前問より，ω_X は非ホロノミック拘束の式 (6.24) を満たさねばならないので，独立な角速度変数とはならない．独立な角速度変数は ω_Y, ω_Z だけであり，そこで $\boldsymbol{\omega} = (\omega_Y, \omega_Z)^\mathrm{T}$ とする．物体の質量中心まわりの本来の慣性行列を

$$H = \begin{pmatrix} I_{XX} & I_{XY} & I_{XZ} \\ I_{YX} & I_{YY} & I_{YZ} \\ I_{ZX} & I_{ZY} & I_{ZZ} \end{pmatrix}$$

とすると，物体の回転運動に関する運動エネルギーは

$$K_1 = \frac{1}{2}(\omega_X, \omega_Y, \omega_Z) H (\omega_X, \omega_Y, \omega_Z)$$

と表される．この式の ω_X について式 (6.24) を代入して書き直した式が式 (6.21) になり，これが独立な角速度変数 ω_Y, ω_Z を用いて表した物体の回転エネルギーとなる．

【6】式 (6.18) と $\dot{q}_i$，式 (6.19) と $\dot{\boldsymbol{x}}$，式 (6.20) と $\boldsymbol{\omega}$ の間にそれぞれ内積を足し合わせれば

$$\sum_{i=1,2} \dot{q}_i^\mathrm{T} u_i = \frac{\mathrm{d}}{\mathrm{d}t}(K + P)$$

となることから，式 (6.29) が成立しなければならないことがわかる．具体的には文献 6–14) を参照．

【7】 $R(t)$ は直交行列なので，$R(t)R^{\mathrm{T}}(t) = I_3$ である．すなわち，$R^{-1}(t) = R^{\mathrm{T}}(t)$ となるので，式 (6.7) に左から $R^{\mathrm{T}}(t)$ を掛けると所与の式を得る．

【8】 式 (6.9) の $i=1$ と $i=2$ の差をとれば

$$\boldsymbol{x}_{01} - \boldsymbol{x}_{02} = -l_w \boldsymbol{r}_X + (Y_1 - Y_2)\boldsymbol{r}_Y + (Z_1 - Z_2)\boldsymbol{r}_Z$$

となる．これより，ただちに式 (6.30) を得る．

【9】 式 (6.30) の両辺のそれぞれについてノルムの 2 乗を取ると，$R(t)R^{\mathrm{T}}(t) = I$ であるから

$$\|\boldsymbol{x}_{01} - \boldsymbol{x}_{02}\| = l_w^2 + (Y_1 - Y_2)^2 + (Z_1 - Z_2)^2$$

となる．両辺に 1/2 を掛けて微分すれば，所与の式を得る．

索 引

【あ】

アウストラロピテクス　7
アクチン　154
アクチンフィラメント　154
アセチルコリン　153
アデノシン三リン酸　155
誤り訂正符号　37
アルゴリズム　55
安定把持　146, 152

【い】

位相限定相関法　89
位相限定相互相関　92
位置ベクトル　99
一階述語論理　40
一般化位置座標　111
一般化速度ベクトル　112
一般化ハフ変換　93
一般問題解決器　19, 48
伊藤仮説　160
インピーダンス調節　136

【う】

ヴィタービ算法　67
ウィナーフィルタ　33
ウェルニッケの言語感覚野　163
運動エネルギー　102
運動学的パラメータ　6
運動生成　3
運動前野　158
運動ニューロン　17, 153
運動の軌跡　100
運動方程式　99
運動野　28, 152
運動野ニューロン　152, 161
運動量の保存則　99

【え】

エキスパートシステム　18, 40
枝刈り法　73
エネルギー保存則　115
遠心性インパルス　157
遠心力　108
エンターテインメントロボット　3, 165
エントロピー　36
エントロピーレート　37

【お】

オフライン型　122
音声認識　19, 40, 76, 164
オンライン型　122

【か】

回転エネルギー　110
回転角　89
拡大率　89
拡張カルマンフィルタ　34
カクテルパーティー効果　165
重ね合せの原理　163
可視グラフ　61
仮想仕事の原理　112
仮想ばね仮説　136
仮想ばね・ダンパ仮説　136
加速度最小規範　25
加速度ベクトル　100
可塑性　160
活動電位　153
活動電位パルス列　153
カーテシアン座標系　107
カーナビ　18
カーナビゲーション装置　5
カーナビゲータ　57
顆粒細胞　159
カルマンフィルタ　34
含意　41
感覚神経　156
慣性行列　114
慣性座標系　98
慣性の法則　98
慣性モーメント　109
関節空間　23, 132

【き】

木　62
記憶　3
機械インピーダンス　139
機械認識　75
木構造　59
木探索　71
機能局在　162
機能表　53
逆運動学　23, 25, 132
逆写像　128
逆ダイナミクス　25, 161
逆モデル　161
吸収律　46
求心性インパルス　157
橋核　158
教示/再生方式　126
共通接線　60

索　引

協　同	139
極座標	94
距離の公理系	82
筋	151
筋活動	151
筋原線維	154
筋骨格運動系	10
筋骨格系	97
筋細胞	153, 157
筋　節	155
筋線維	154, 156
筋長変化	157
筋　肉	151
筋肉収縮	155
筋フィラメント	154
筋紡錘	156

【く】

空間認知能力	10
首振り説	155
グラフ構造	61
グラフ探索	19, 57
繰返し学習制御	5
繰返し語	13

【け】

経験的知識	73
計算幾何学	78
計算トルク法	4, 127
形態素	15
経路計画	57
結合法則	47
決定不能	55
決定不能性	23
ゲーデルの不完全性定理	55
ゲームの木	72
腱	151, 156
減速比	121

【こ】

光学式エンコーダ	6
抗重力筋	157
恒真式	42, 46

高速フーリエ変換	93
剛　体	108
剛体振子	110
剛体リンク	6, 22
行　動	2
行動学習	14
興奮性	159
国際単位系	98
誤差フィードバック学習	160
骨格筋	153
子ノード	64
コミュニケーション	32
コミュニケーションロボット	41, 151, 164
コリオリ力	119
ゴルジ細胞	159
コンパクトディスク	18

【さ】

最大公約数	53
最短経路	57, 62
最短経路探索	57
最短時間	63
最短時間ルート探索	18
最短ルート探索	18
最適原理	67
最適フィルタ	33
サイバネティクス	32
作業空間	23
サブサンプション アーキテクチャ	29
サーボモータ	120
三角不等式	82
産業用ロボット	5, 97, 127
三段論法	45
算　法	55

【し】

軸索	153
仕　事	101
——の増分	101
仕事率	101

視　床	158
自然言語	14
自然数	78
下オリーブ核	158
実現確率	73
実行部	49
実行文	44
質量中心	99
自動機械	13
シナジー	139
シナプス	153
シナプス接続	159
シナプス電位	153
シナプス伝達効率	160
四分木	59
ジャーク	133
ジャーク最小	133
自由意思	152
自由構文言語	14
収縮筋	131
自由度	22
自由度問題	6
周波数ホッピング方式	39
重　力	102
重力加速度ベクトル	99
重力項	121
重力定数	99
重力場	102
重力補償つきPD制御法	121
樹上突起	159
受動性	120
受容体	153
手話	26
瞬時回転ベクトル	141
順ダイナミクス	161
障害物	58
障害物回避	57
条件部	49
常識的推論	126
常識的物理学	126
冗長関節系	152
冗長自由度	6

冗長自由度系		131
冗長自由度多関節系		157
冗長自由度問題		24, 128
冗長多関節		151
冗長多関節リーチング運動		129
小脳		156, 158
小脳核		158
小脳半球		158
小脳皮質		158
情報理論		37
触覚		12
自律移動ロボット		4, 29, 57
心筋		154
神経軸索線維		153
人工知能		1
身体運動		25, 151
身体運動の科学		125
伸張反射		157
伸展筋		131
真理値		42
真理値表		42

【す】

錐体ニューロン	152
錐体路	153
錘内筋線維	157
推論	49
スキーマ表現	10
図形の認識	93
スピニング	140
スピニング運動	140
スペクトル拡散通信技術	38
スライド関節	110

【せ】

制御	33
星状細胞	159
生成文法	15
生成文法理論	14
精密把握	8, 9
精密把持	9, 139, 152
脊髄	153

脊髄小脳	158
脊髄反射	157, 158
接線グラフ	60
遷移確率	73
全エネルギー	115
線形動的システム	33
センサフュージョン	34
全称作用素	50
センシング	2
前庭小脳	158
前庭神経核	158
前庭動眼反射	158, 160
前提文	44

【そ】

掃除ロボット	58, 167
想像力	9
相反性抑制	157, 158
双峰型	132
相補則	47
測度	82
速度オブザーバ	162
速度ベクトル	100
ソリッドモデル	60
存在作用素	50

【た】

対偶	43
ダイクストラの算法	57
対向性指数	8
対向力調節	8
苔上繊維	159
体性感覚	5
体積成分	109
ダイナミクス	11
大脳皮質	28, 152, 158
大脳皮質小脳	158
対話ソフト	40
多角形	58
多関節リーチング運動	128
巧みさ	5, 18, 23, 25, 26, 97, 125, 151
多自由度	22

脱分極	153
多面体	59
ダランベールの原理	163
探索	57
探索アルゴリズム	5, 22, 63

【ち】

知覚	2
力の場	102
地球測位システム	18
知識工学	48
知識ベース	40, 48
地図	57
地図データ	18
知能機械	57
知能ロボット	1, 126
中枢神経系	10
チューリング機械	39, 52, 130
チューリング計算機	52
チューリング賞	29
チューリングテスト	32, 39, 166
チューリングの万能計算機	55
超音波センサ	70
長期記憶	5
張力	105
直立二足歩行	17
直流サーボモータ	120
直交行列	141

【つ】

通信	33
通信容量	37
通信路符号化定理	37
包込み把握	10
釣り鐘型	132

【て】

ディジタル通信	36
ディジタル通信方式	37

ディジタルビデオディスク	日常作業 126	【ひ】
18	日常物理学 126	
ティーチングプレイバック	ニュートンの運動の法則 98	微小変位 100
97	ニューロモータ信号 151	歪対称 114
適合性 75	認 識 75	ピタゴラスの定理 77
手先軌道 136	認 証 8	否 定 41
手先効果器 23	【ね】	非ホロノミック拘束
手先速度 138		128, 141
データベース 3	ネットワーク 3	ヒューリスティックな知識
デッドレコニング 19	粘性係数 121	69
テープ操作 52	粘性摩擦係数 135	評価関数 72
デルタ関数 88	【の】	ピンチング 10, 139
テンプレート 84		ピンチング把持 10
テンプレート画像 86	脳 12	
電流制御型 120	脳科学 24, 151	【ふ】
【と】	脳 幹 156, 158	フィードフォワード様式
	脳幹神経回路 158	160
道具使用 8	脳機能 151	フィルタ理論 33
道具作り 8	脳機能イメージング 15	フィルタリング問題 34
登上線維 159	濃淡イメージ 89	負 荷 121
等速運動 98	ノード 59	負帰還回路 159
到達運動 25, 128, 131, 151	【は】	復号器 37
動的観点 11		複振子 110
動的計画法 67	配位空間 132	符号化定理 37
動的パラダイム 24	背景画像 86	符号器 37
得票数 80	配置図 53	物体把持 128
得票操作 80	ハウスドルフ距離 82, 84	物理的相互作用 128
トークン 76	パケット通信方式 39	普遍文法 14
凸多角形 60	把 持 8	ブラキエーション 6
トートロジ 46	バスケット細胞 159	振 子 104
ド・モルガンの法則 44	パーソナルロボット 4, 165	振子運動 108
トルク 26	八分木 60	不良設定 132
トルク制御 97	発火レベル 153	不良設定性 23, 128
【な】	発達心理学 11	ブール関数 41
	発話器官 17	プルキンエ細胞 158
内 積 105	発話障害 15	ブール代数 36, 41
内部モデル仮説 160	ばね定数 136	ブローカの言語野 163
喃 語 13	ハフ変換 78	ブローカ野 15
【に】	ハミルトンの原理 112	プログラム内蔵方式 37
	ハミング符号 39	プロダクションシステム 48
二重振子 115	パラメータ空間 80	分配法則 47
二足歩行 7, 26, 28	パワースペクトル 91	文法規則 17
二足歩行ロボット 3, 26	万能チューリング機械 55	文脈依存性 127

【へ】

平行移動	86
平衡状態	146
平行線維	159
閉ループダイナミクス	122
ヘルパーロボット	164
ヘルプ機能	40
変位	101
変動性	133
変分原理	112

【ほ】

ホイヘンスの原理	67
ポインタ	64
拇指対向性	8
保存力	103
ポテンシオメータ	6
ポテンシャル	103
ポテンシャルエネルギー	103
ホームネットワークロボット	164
ホロノミック拘束	107

【ま、み】

マンハッタン距離	83
ミオシン	154
ミオシンフィラメント	154
ミスマッチ	84

【む】

ムーアの法則	167
無次元量	110

無線データ伝送	38
無矛盾	56
無命題	42
無理数	78

【め】

命題	41
命題論理	40, 41
命題論理式	50

【も】

網様体核	158

【や】

躍度	133
ヤコビアン行列	112
柳田説	156

【ゆ】

ユークリッド幾何学	77
ユークリッド距離	82
ユークリッド互除法	53
ユニバーサル演算素子	42

【よ】

抑制性	159
予測理論	33

【ら】

ラグランジアン	106
ラグランジュ乗数	143
ラグランジュの運動方程式	97, 106
ラグランジュの乗数	107

ラドン変換	89
ランダム信号	33

【り】

力学的エネルギーの保存則	104
離散フーリエ変換	87
リンク機構	97

【る】

ループ構造	65
ルメルスキーのアルゴリズム	70
ルール	48
ルールベース	40, 48

【れ】

レセプター	157
レブナー賞	39

【ろ】

ロボットアーム	4
ロボット知能	1
ロボットの腕	120
ロボットハンド	23
ロボットマニピュレータ	25
ロボットメカニズム	6
論証	45
論理演算	41
論理機構	52
論理式	45

【わ】

ワーキングメモリ	48

【A】

A* アルゴリズム	62
ATP 分解	155

【B】

blind grasping	139, 146
Bluetooth	38
B-reps.	58

【E, F, G】

embodied intelligence	29
fMRI	15
GPS	57

【L】

LAN	38
LaSalle の不変定理	122

【M】

Moore の法則	3

MYCIN	49	

【N】

NAND 演算	42	
NAND 回路	42	

【P】

PD	4	
PD 制御法	97, 127	
PET	15	
PID フィードバック法	5	

proprioception	5, 132	

【R, W, Z】

R テーブル	94	
Wirth の法則	168	
Z 膜	155	

【数字】

1 次運動野	151	
1 次フィルタ	162	
2 元符号	37	
2 次元逆フーリエ変換	88	
2 次元フーリエ変換	87	

【記号】

α 運動ニューロン	157	
$\alpha\beta$ 法	73	
γ 運動線維	157	
γ 運動ニューロン	157	
λ 計算法	130	
$\theta\text{-}\rho$ ハフ変換	81	

―― 著者略歴 ――

1959 年　京都大学理学部数学科卒業
1959 年　沖電気工業株式会社勤務
1967 年　工学博士（東京大学）
1967 年　東京大学講師
1968 年　大阪大学助教授
1973 年　大阪大学教授
1988 年　東京大学教授
1990 年　大阪大学名誉教授
1997 年　立命館大学教授
　　　　　現在に至る

知能科学 ── ロボットの "知" と "巧みさ" ──
Science of Intelligence　── "Intelligence" and "Dexterity" of Robots ──
ⓒ Suguru Arimoto 2007

2007 年 1 月 22 日　初版第 1 刷発行

検印省略	著　者　　有　本　　　卓
	発 行 者　　株式会社　コ ロ ナ 社
	代 表 者　　牛 来 辰 巳
	印 刷 所　　三 美 印 刷 株 式 会 社

112-0011　東京都文京区千石 4-46-10
発行所　株式会社　コ ロ ナ 社
CORONA PUBLISHING CO., LTD.
Tokyo Japan
振替 00140-8-14844・電話(03)3941-3131(代)
ホームページ http://www.coronasha.co.jp

ISBN 978-4-339-04517-8　（大井）　（製本：愛千製本所）
Printed in Japan

無断複写・転載を禁ずる
落丁・乱丁本はお取替えいたします